超獵奇！人體動物圖鑑 ②

鯊魚的下巴
會往前飛出

川崎悟司 /著

suncolor
三采文化

審訂序

　　本書利用脊椎動物的形態特徵來介紹動物演化。生物的演化是一個大課題，值得深入研究，有人窮極一生到各處進行動物採集、觀察其特徵、收集各種資料，只為了要解開這些動物的一些演化奧祕，例如：暴龍有多厲害？老鼠為何要磨牙齒？袋鼠為何只在澳洲出現？鳥是如何從恐龍演變而來的？為什麼天鵝的脖子那麼長？為什麼水雉那麼重，卻可以行走在蓮葉上？啄木鳥用力的鑽洞，不會受傷嗎？本書都一一解說。

　　在動物園中我們可以看到許多形形色色的動物，除了一些較特殊的動物外，園內呈現的大多是來自世界各地的脊椎動物，也許大家都會被牠們的外型、顏色所驚訝，其實我們更應該去了解為什麼這些動物會有這種身體結構？這樣的外型對牠們的生存有何助益？要回答這些問題，請閱讀本書。

　　地球的生物種類已命名的至少175萬，脊椎動物則僅有6萬多種，算是極少的類群，但人們常關注牠們，因為牠們和人們的生活息息相關，是我們的食物來源，也是我們的寵物、觀賞動物，更重要的是牠們是人類生存環境的指標。當某一種脊椎動物面臨滅絕危機時，也正警告我們環境正在改變，「春江水暖鴨先知」，這句話若用在環境變遷上更具有意義。

　　本書用了一些篇幅說明脊椎動物的演化，敘述某些動物的消失（特別是恐龍），也正說明了這種自然的變遷。值得注意的是這種變遷需要非常長的時間，但是在人類成為地球的主宰後，未來的巨大變遷也將是由人類主導，而其改變快速，對人類的生存是不利的。我們已逐漸進入氣候變遷的威脅，這種威脅的緣由，正是人類在過去150年間的改變所促成，相對於書中所提到千萬年的演化，我們可能沒有那麼長的演化時間來適應這種衝擊！

國立臺灣大學　生態學與演化生物學研究所教授　李培芬

前言

「如果人類的腳是狗的腳」、「如果人類的手臂是鯨魚的手臂」……像這樣把動物部分的身體，用人體同一部位表示、講解的前作《超獵奇！人體動物圖鑑①烏龜的殼其實是肋骨》，由於頗受讀者喜愛，因此又推出了續作。

前作《超獵奇！人體動物圖鑑①烏龜的殼其實是肋骨》囊括的動物類型有兩生類、爬蟲類、鳥類、哺乳類，這些動物的共同特徵是用四條腿在陸上行走，稱為四足動物（也有四足類、四肢動物等別稱，不過本書通稱為四足動物）。

不過，雖說是四足動物，我們人類其實是靠兩條腿站立步行的，而一對前腳變成翅膀的鳥類，也是靠一雙後腳來走路，哺乳類鯨魚甚至無法在陸地上行走。不過，只要追溯演化過程，就會發現大家的祖先都是四足動物。換言之，就連鳥兒、鯨魚在遠古時代也曾經靠四條腿走路，因此牠們基本上也算是四足動物。

前一本只有介紹四足動物，本作則增加了魚類，讓魚類、兩生類、爬蟲類、（恐龍）、鳥類、哺乳類等脊椎動物全體出動。由於囊括了所有脊椎動物，因此本書便以脊椎動物的演化過程為主軸來構成。

所有脊椎動物的體內都有骨骼（包括脊椎），骨骼支撐著身體。那麼，若把一部分的人類骨骼替換成其他動物的相同部位，又會變成怎麼樣呢？脊椎動物在多樣化的環境下，又是如何演變身體去適應環境的呢？我將這些變化盡量以人體模擬，讓演化過程更清楚明瞭。請大家務必讀到最後一頁唷。

2020年8月 川崎悟司

Contents

Chapter.3
恐龍・翼龍

Chapter.4
鳥類

Chapter.5
哺乳類

Contents

Extra Chapter
全身變形比較

column

Chapter:0

脊椎動物的
演化

Vertebrate
evolution

圖①

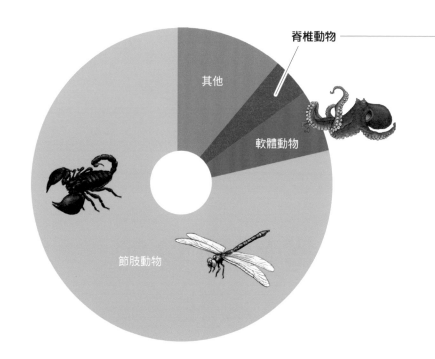

脊椎動物

其他

軟體動物

節肢動物

什麼是脊椎動物？

　　現在地球上棲息著至少一百四十萬種動物，其中，昆蟲、蝦子等「節肢動物」種類最多，約有一百一十萬種。章魚、貝類等「軟體動物」有八萬五千種。包含我們在內的「脊椎動物」則有六萬兩千種。

圖①

　　本書講解的動物都屬於「脊椎動物」。脊椎動物可以分為魚類、兩生類、爬蟲類、鳥類、哺乳類這五大類（有些書也將原始魚類「無頜類」獨立出來，分為六大類）。

　　那麼，什麼是脊椎動物呢？顧名思義，脊椎動物都有「脊椎」，人

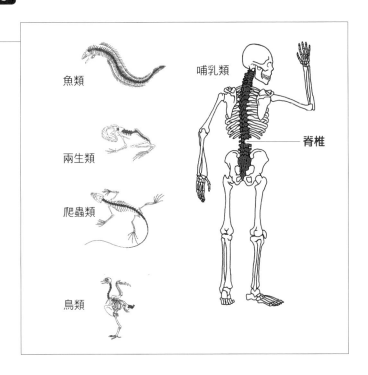

魚類

哺乳類

兩生類

爬蟲類

脊椎

鳥類

類也屬於脊椎動物，所以當然也有脊椎，它會像主幹一樣支撐住身體，相當於我們俗稱的「背脊」。魚類、青蛙、鱷魚和鳥類也是脊椎動物，所以也有脊椎。依靠脊椎支撐身體，是所有脊椎動物共同的特徵。 圖 ❷

　　脊椎動物擁有脊椎當主幹支撐身體，因此與節肢動物和軟體動物相比，體型簡直大得誇張。目前仍然存活的鯨魚、大象，以及早已滅絕的遠古生物恐龍，都是典型的巨無霸脊椎動物。

圖 **1**

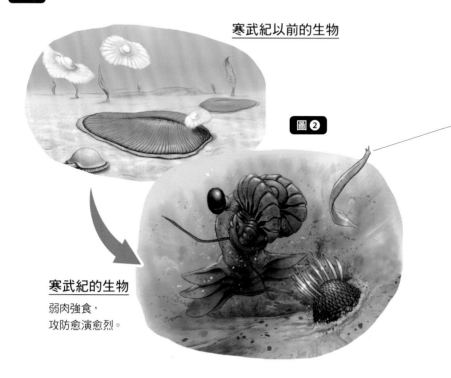

寒武紀以前的生物

圖 **2**

寒武紀的生物
弱肉強食，
攻防愈演愈烈。

脊椎動物的祖先

　　脊椎動物的祖先早在陸地還沒有生物的寒武紀（約五億四千一百萬年～四億八千五百萬年前）就出現在地球上了。當時，生物圈正在歷經翻天覆地的變化。原本在寒武紀以前，地球上只有像水母一樣漂在海中的生物，以及安靜生活在海底的生物。 圖 **1**

　　但到了寒武紀，卻一下子冒出了許多善於游泳、能用眼睛瞄準獵物的位置、積極掠食的生物，以及身披堅硬甲殼、長有尖刺能與之抗衡的生物。這些生物幾乎都屬於節肢動物和軟體動物。 圖 **2**

　　在各種生物群雄割據的寒武紀，有一種缺乏甲殼護身的小型生物叫

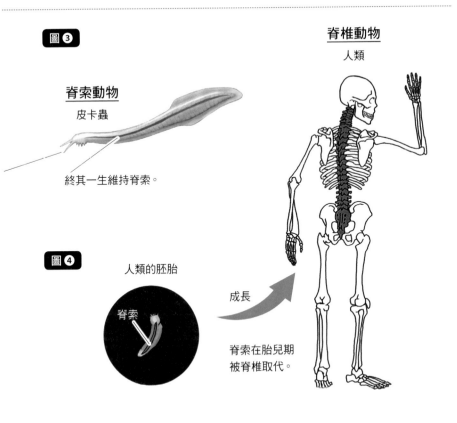

圖❸

脊椎動物
人類

脊索動物
皮卡蟲

終其一生維持脊索。

圖❹

人類的胚胎

成長

脊索

脊索在胎兒期
被脊椎取代。

做「皮卡蟲」，牠應該就是脊椎動物的前身之一。 圖❸ 皮卡蟲約四公
分大、身體細細長長的，身體前後由一條中軸──名叫「脊索」的柔
軟管狀組織貫穿。擁有這種脊索的動物稱為「脊索動物」，現在的日
本文昌魚就屬於脊索動物。分類上，脊椎動物也屬於脊索動物門，因
此脊椎動物也有脊索，但在成長過程中就會消失，被堅硬骨骼構成的
脊椎取代。 圖❹

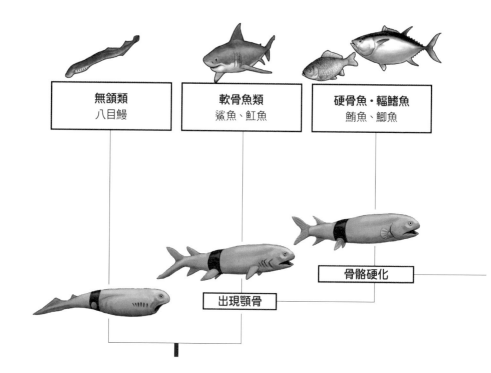

無頜類	軟骨魚類	硬骨魚・輻鰭魚
八目鰻	鯊魚、魟魚	鮪魚、鯽魚

骨骼硬化

出現頜骨

脊椎動物的演化過程（從誕生到著陸）

　　接下來將大致介紹脊椎動物整體演化的過程，詳細重點則留在各章節解說。

　　脊索動物的身體由一種柔軟的管狀組織支撐，牠們在演化成脊椎動物的過程中，長出了硬骨構成的脊椎，且一併生出了軟骨。最早出現的脊椎動物是魚類，當時的魚類嘴巴還沒有頜骨，這個階段的動物稱為「無頜類」，不過大部分的無頜類在上古時代就滅絕了，如今只剩下八目鰻與盲鰻還存活。到了志留紀（約四億四千三百萬年～四億一千九百萬年前），則出現了魚鰓的鰓弓變化成頜骨的魚類。

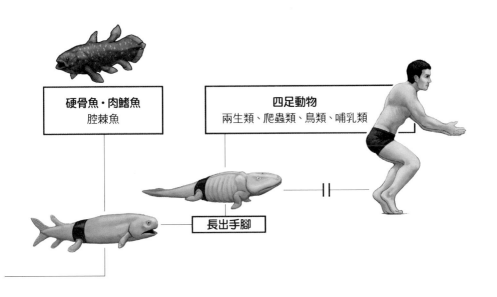

硬骨魚・肉鰭魚
腔棘魚

四足動物
兩生類、爬蟲類、鳥類、哺乳類

長出手腳

　　這些擁有顎骨的魚類跟鯊魚一樣，骨骼由軟骨構成，後來又出現了
擁有堅硬骨頭的硬骨魚類。現在的硬骨魚分為包含鮪魚及鱸魚在內、
佔魚類大多數的「輻鰭魚」，以及腔棘魚等「肉鰭魚」。後來進入泥
盆紀（約四億一千九百萬年～三億五千九百萬年前），肉鰭類魚鰭內
的骨骼演變成了手腳的骨頭。這也是脊椎動物第一次以四條腿踏上陸
地、在陸上生活。這些由魚鰭變化成腳的脊椎動物，通稱為「四足動
物」。

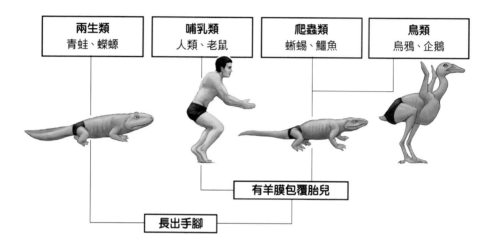

| 兩生類 | 哺乳類 | 爬蟲類 | 鳥類 |
| 青蛙、蠑螈 | 人類、老鼠 | 蜥蜴、鱷魚 | 烏鴉、企鵝 |

有羊膜包覆胎兒

長出手腳

脊椎動物的演化過程（著陸後演化成四足動物）

　　在脊椎動物中，將演化舞台挪到陸地上的四足動物，有兩生類、爬蟲類、鳥類、以及哺乳類。最早的四足動物是兩生類，牠們為水陸兩棲，牠們的卵產下後不耐乾燥，所以必須產在水裡。到了石炭紀（約三億五千九百萬年～兩億九千九百萬年前），兩生類中出現了在陸地上也能產下耐乾燥的卵的「羊膜動物」，羊膜動物主要分為「單弓類」與「雙弓類」，單弓類演化成哺乳類，雙弓類則演化出爬蟲類與鳥類。能在陸地上繁殖的這三大類，開始將生活範圍擴大到缺乏水域的內陸，發展出各式各樣的型態。

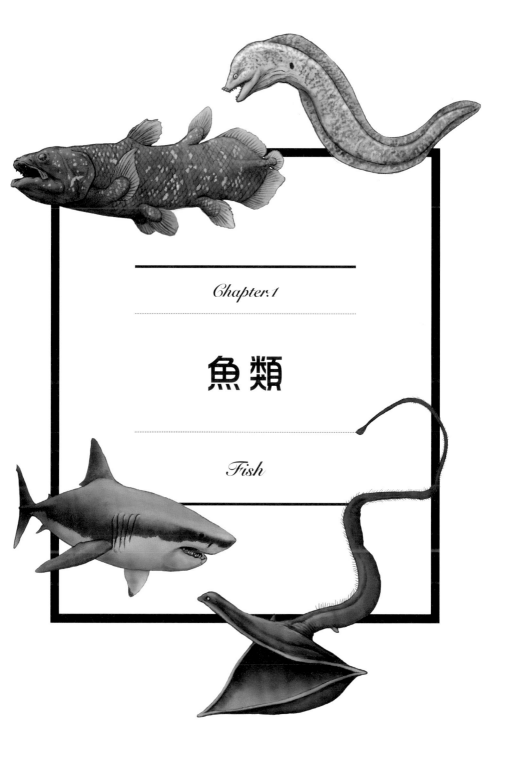

Chapter.1

魚類

Fish

圖 **1**

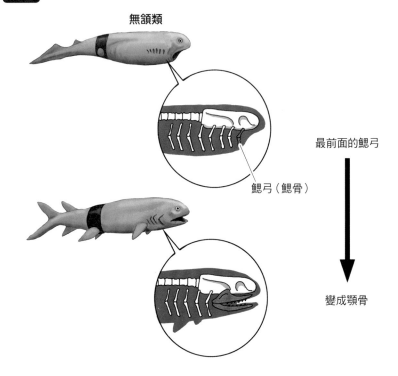

無頜類

最前面的鰓弓

鰓弓（鰓骨）

變成頜骨

最早的革命‧出現頜骨

　　脊椎動物無頜類最早的模樣就跟名字一樣，牠們沒有下巴，身體前
方只開了一個圓圓的洞當嘴。無頜類在遠古時代幾乎都滅絕了，現在
活著的只剩八目鰻一類。八目鰻的一對眼睛後面連著七個腮孔，看起
來彷彿有八顆眼睛，因此人稱八目鰻。八目鰻會把水吸入口中再從七
個鰓孔排出，也就是透過鰓來呼吸。頭部兩側並排的多個鰓由一種叫
做「鰓弓」上下成對的細骨組成。

　　擁有頜骨的魚類是在志留紀（約四億四千三百萬年～四億一千九百

沒有顎骨的魚

被鸚鵡螺捕食的亞蘭達魚。

圖 ❸

擁有顎骨的魚

用強壯下巴
捕食獵物的
鄧氏魚。

萬年前）出現的，當時可能有一部分無頜類在最前方的鰓弓形成了顎骨。圖❶ 有了顎骨後就能咀嚼獵物，這個微小的變化對魚類而言擁有非常大的意義。在以前，沒有顎骨的魚類是生態系的弱者，只能當軟體動物鸚鵡螺、節肢動物廣翅鱟的食物。圖❷ 自從有了下巴當武器，魚類終於在下個時代泥盆紀締造出黃金時代，甚至出現了體積龐大、擁有壯碩顎骨的海洋生態系之王——「鄧氏魚」。圖❸

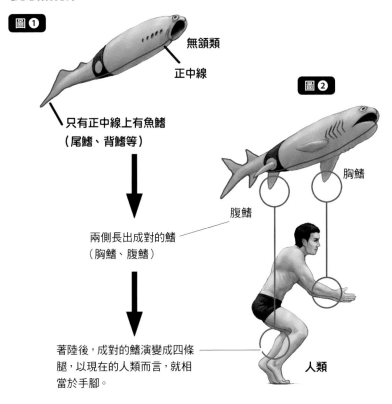

圖❶

無頜類

正中線

只有正中線上有魚鰭
（尾鰭、背鰭等）

圖❷

胸鰭

腹鰭

兩側長出成對的鰭
（胸鰭、腹鰭）

著陸後，成對的鰭演變成四條
腿，以現在的人類而言，就相
當於手腳。

人類

機動力提升・發達的對鰭

　　魚類有了顎骨後，便從生態系的弱者搖身一變為捕食獵物的高手。
但牠們還必須迅速移動，才能運用下巴這個武器捕食。無頜類只有沿
身體正中線長出的背鰭和尾鰭，並不善於游泳，**圖❶** 直到牠們的身體
兩側長出左右各一對的「胸鰭」、「腹鰭」，模樣變得更像魚，游泳
能力才有提升。**圖❷**

　　在魚類的黃金時代──泥盆紀，鯊魚的親戚現身了。早期的代表性
鯊魚為「裂口鯊」，**圖❸** 這是一種全長約兩公尺的鯊魚，擁有壯碩

豐嬌昆明魚

最古老的魚類，生活在大約
五億兩千四百萬年前，可能
擁有成對的鰭。

圖 **3**

裂口鯊

早期的鯊魚，成對的鰭相當
發達，擁有優秀的機動力。

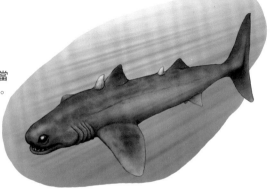

的尾鰭能產生強大的推進力，不止如此，他們的胸鰭和腹鰭也格外發達，善於在海中上升、下降、轉換方向或緊急煞車，在當時的海中，或許沒有任何一種生物能勝過牠們的機動力。牠們雖然是早期的鯊魚，但模樣與現在的鯊魚幾乎相同。這代表鯊魚類早在泥盆紀就演化出了身體構造，協助牠們能在水中以優秀機動力與顎骨捕食獵物。

接著，這些為魚類提升游泳能力的胸鰭與腹鰭，後來又演變成了四條腿。

圖❶

軟骨魚類 鯊魚的骨骼

骨骼由軟骨構成

圖❷

硬骨魚類 鱸魚的骨骼

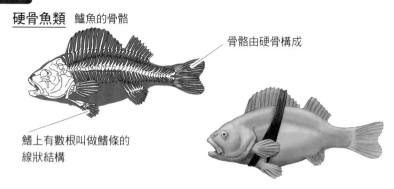

骨骼由硬骨構成

鰭上有數根叫做鰭條的
線狀結構

輻鰭魚是現在繁衍最興盛的魚

鯊魚類體內的所有骨頭都是由具備彈性的軟骨構成的，這種魚類稱為「軟骨魚」。 圖❶

相對的，骨骼堅硬、含有大量石灰質的魚稱為「硬骨魚」。支撐我們人體的骨骼絕大多數都與硬骨魚一樣，由硬骨所構成。

硬骨魚誕生的時代為志留紀（約四億四千三百萬年～四億一千九百萬年前），而硬骨魚中的「輻鰭魚」就是在這個時代出現的。輻鰭魚的特徵是胸鰭、尾鰭等魚鰭上，長有數根叫做鰭條的線狀結構，就是這些鰭條在支撐魚鰭。 圖❷ 輻鰭魚本身是在魚類黃金時代泥盆紀之前

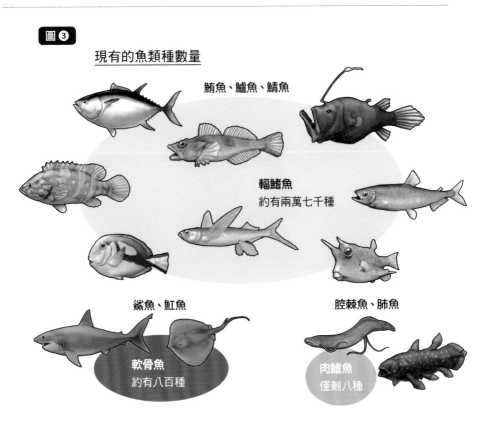

圖❸

現有的魚類種數量

鮪魚、鱸魚、鯖魚

輻鰭魚
約有兩萬七千種

鯊魚、魟魚

軟骨魚
約有八百種

腔棘魚、肺魚

肉鰭魚
僅剩八種

的志留紀出現的，當時應該是軟骨魚「盾皮魚」及同為硬骨魚的「棘魚」勢力較龐大，輻鰭魚屬於少數。

　　不過，盾皮魚與棘魚在後來的時代勢力逐漸衰退、滅絕，曾是少數的輻鰭魚則慢慢興盛起來。現在，大部分的魚類都屬於輻鰭魚，種類約有兩萬七千種，**圖❸** 數目直逼脊椎動物總數六萬兩千種的一半，在脊椎動物中形成了無比龐大的族群。鯖魚、鮭魚、鯛魚、秋刀魚、鮪魚等我們平常食用的魚，幾乎都屬於輻鰭魚。

圖**❶**

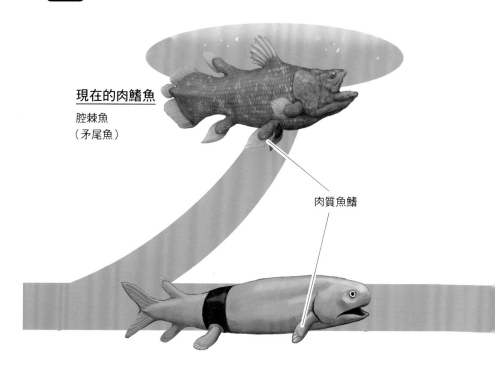

現在的肉鰭魚
腔棘魚
（矛尾魚）

肉質魚鰭

二次革命・魚鰭變手腳

現在存活的魚類絕大多數都是輻鰭魚，但也有極少數屬於「肉鰭魚」。相較於數量高達兩萬七千種的輻鰭魚，現在存活的肉鰭魚數目，只剩下悄悄棲息在深海的兩種腔棘魚，以及住在淡水域（池塘或河川等）以肺呼吸的六種肺魚，合計共八種而已。

魚類在志留紀（約四億四千三百萬年～四億一千九百萬年前）演化出顎骨後，緊接著肉鰭魚又掀起了脊椎動物史上第二波革命。肉鰭魚的特徵是胸鰭、腹鰭等魚鰭為肉質，鰭裡含有骨頭與肌肉。**圖❶** 與其他魚類的鰭相比，結構更接近我們人類的手腳。這種肉鰭魚因為左

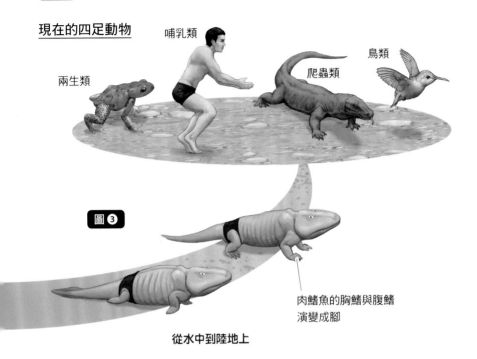

圖❷

現在的四足動物

哺乳類

兩生類

爬蟲類

鳥類

圖❸

肉鰭魚的胸鰭與腹鰭
演變成腳

從水中到陸地上

右成對的胸鰭與腹鰭化成四條腿，演變成能在陸地行走的四足動物。
圖❷ 牠們擴大了棲息地，從水底來到環境截然不同的陸地上，掀起了
生物史上的大革命。

　　之後四足動物在陸地這個新天地適應環境，產生了各式各樣的變
化。牠們不但從初期的四足動物演化成兩生類，還衍生出爬蟲類、鳥
類、哺乳類等類別。現在這些四足動物已經佔了脊椎動物種類數目的
一半了。**圖❸**

鯊魚

Shark

鯊魚的鼻子凸凸的，嘴巴長在後面。這種形狀乍看很難咬住獵物，其實下顎可以往前伸。鯊魚的顎骨與頭骨是分開的，中間以韌帶和肌肉相連，因此顎部可以從頭蓋骨獨立出來移動。這個結構也能保護頭部避免咬獵物時受到衝擊。

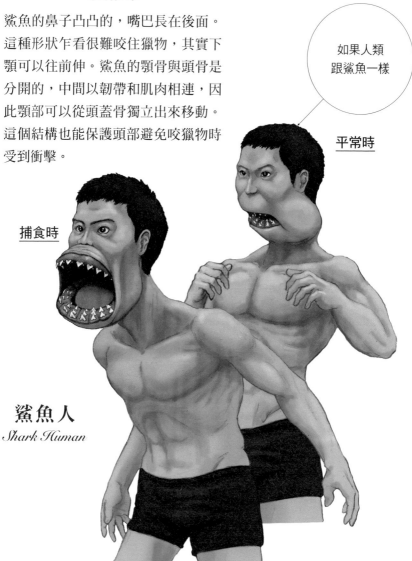

如果人類跟鯊魚一樣

平常時

捕食時

鯊魚人
Shark Human

鯊魚人的演化

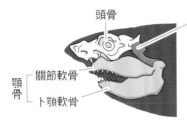

頭骨　　　　　舌頷軟骨

顎骨 ─ 關節軟骨
　　　└ ト顎軟骨

鯊魚的頭骨與顎部軟骨分離，僅以舌頷軟骨連結。

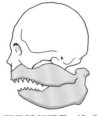

捕食時顎部軟骨會往前伸，咬住獵物。

人類的顎部與頭骨相連。

顎骨脫離頭骨，換成鯊魚的顎部。

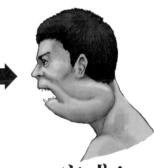

平常時 **完成！**

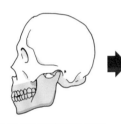

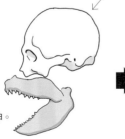

捕食時，
顎骨往前伸。

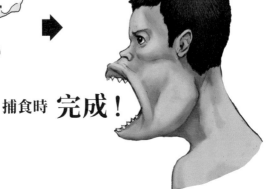

捕食時 **完成！**

原本是鱗片的牙齒

三葉蟲、菊石、鯊魚牙齒人稱「三大化石」，因為這三種化石出土的數目格外龐大。

鯊魚一生中將不停換牙，數目高達好幾萬顆，牠們出現於三億七千萬年前，現在也仍有許多種類生存，尚未滅絕，因此鯊魚牙齒化石的出土量特別豐富。我們人類的牙齒牢牢鑲在顎骨上，不容易脫落，但鯊魚牙齒只有牙齦支撐，有時光是咬住獵物牙齒便會鬆脫。不過即使牙齒脫落了，後排的備用牙齒也能立刻往前遞補，恢復滿嘴利牙。**圖❶**

鯊魚牙齒原本是一種覆蓋在體表的鱗片「盾鱗」，後來盾鱗進口中變成牙齒，**圖❷** 因此又稱「皮齒」。盾鱗遍布鯊魚全身，彷彿許多小小的利牙，因此鯊魚體表摸起來粗粗的，這就是為什麼形容肌膚像鯊魚皮一樣粗糙稱為「鮫肌」的緣故。

其實不止鯊魚，包含我們人類在內的脊椎動物，牙齒都不是從顎骨長出來的，而是源於皮膚所產生的鱗片。

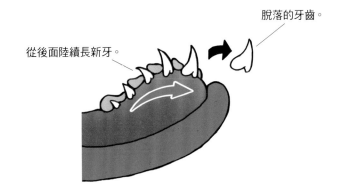

圖❶

脫落的牙齒。

從後面陸續長新牙。

鯊魚顎部剖面圖

圖❷

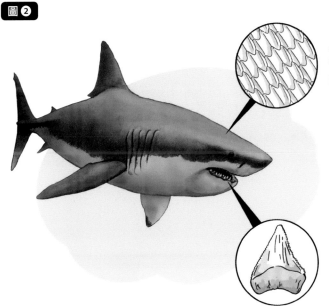

盾鱗
鯊魚的鱗片由
琺瑯質與象牙
質構成。

牙齒由鱗片進入
口中演變而成。

魚類

海鱔

Moray eel

海鱔是俗稱海洋霸主的兇猛大型肉食魚，顎部長滿尖銳的牙齒，喉嚨深處還有另一個結構相同的內顎。當海鱔把嘴大大地張開，內顎就會從喉嚨裡伸出來，將捕到的獵物抓進口中。

如果人類
跟海鱔一樣

海鱔人
Moray eel Human

海鱔人的演化

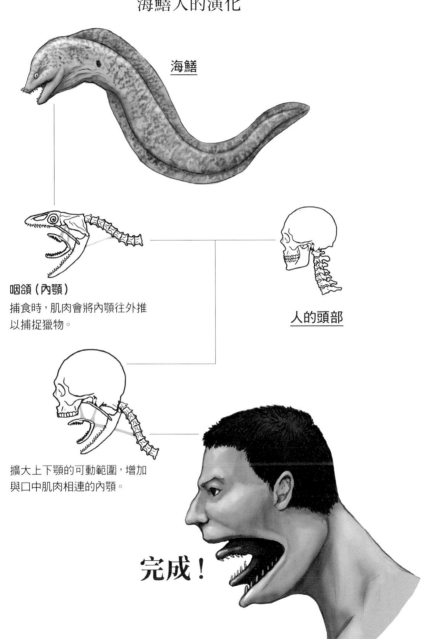

海鱔

咽頜（內顎）
捕食時，肌肉會將內顎往外推
以捕捉獵物。

人的頭部

擴大上下顎的可動範圍，增加
與口中肌肉相連的內顎。

完成！

口中的另一個嘴

　　海鱔是棲息在熱帶淺海的魚類，平常藏身於岩石或珊瑚的縫隙裡，實際上卻是非常貪吃的肉食魚，霸佔了珊瑚礁及礁岩食物鏈的頂點。牠們會用血盆大口捕食魚類、甲殼類、頭足類等小型獵物，也是著名的章魚天敵。

　　當海鱔張開嘴，喉嚨深處就會伸出內顎「咽頜」，其實這是從支撐魚鰓的骨頭「鰓弓」演化而來的。鯉科的魚也有演化自鰓弓、類似海鱔咽頜的構造，那就是喉嚨深處的牙齒，稱為「咽齒」。鯉科魚類的顎部沒有牙齒，因此上顎比較突出，透過抬高口蓋將食物吸入，再用喉嚨裡的咽齒把食物咬碎。**圖❶** 這種咬合力非常強勁，據說連十元硬幣都會被折彎。

　　但海鱔與鯉科魚類不同，牠們的鰓孔很小，鰓蓋的可動範圍也很狹窄，無法瞬間排放大量水流，因此不像鯉科魚類一樣能夠大口吸食。這就是為什麼海鱔會從喉嚨深處伸出咽頜，代替微弱的吸食力捕捉獵物，將獵物拉進喉嚨裡。**圖❷**

圖 ❶

鯉科的魚
蘭氏鯽

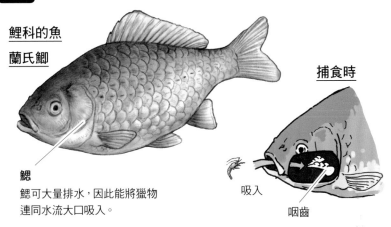

捕食時

鰓
鰓可大量排水，因此能將獵物
連同水流大口吸入。

吸入

咽齒

圖 ❷

海鱔

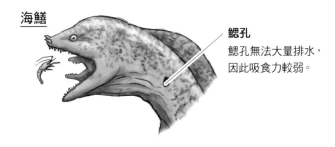

鰓孔
鰓孔無法大量排水，
因此吸食力較弱。

捕食時

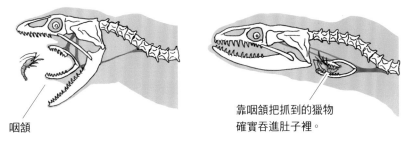

咽頜

靠咽頜把抓到的獵物
確實吞進肚子裡。

如果人類
跟吞鰻一樣

吞鰻

Pelican eel

吞鰻是一種嘴巴像囊袋般大型的深海魚，棲息於五百公尺到七千八百公尺以下的海底，全長可達八十公分。支撐這大得不像話的嘴巴的，是像傘架一樣細長延伸的上下顎骨。顎骨的長度幾乎是吞鰻頭骨的十倍長。

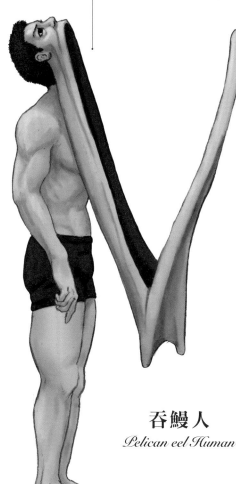

吞鰻人
Pelican eel Human

吞鰻人的演化

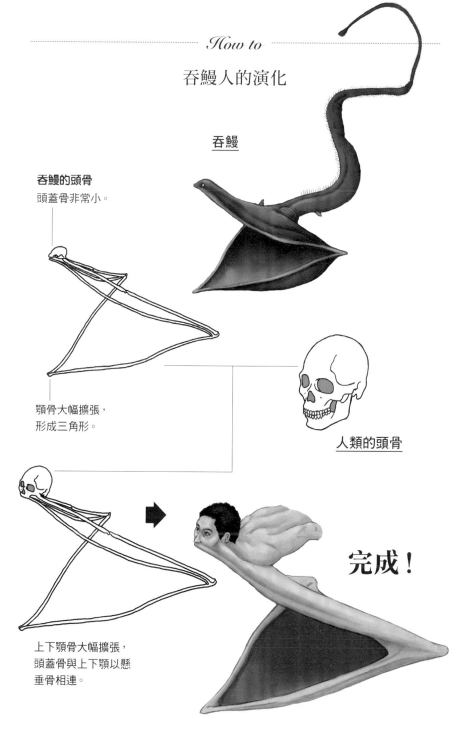

吞鰻

吞鰻的頭骨
頭蓋骨非常小。

顎骨大幅擴張，
形成三角形。

人類的頭骨

上下顎骨大幅擴張，
頭蓋骨與上下顎以懸
垂骨相連。

完成！

在深海等待獵物的大嘴

二○一○年，生物學家比較了五十六種鰻鱺目魚類的粒線體DNA，發現吞鰻與鰻魚（日本鰻鱺）其實是親戚。 **圖❶**

鰻魚棲息於遠離深海的淡水域（如河川），卻是在距離日本約三千公里遠，包括關島及塞班島的馬里亞納群島西方海域深海中繁殖。在那裡出生的鰻魚幼苗「柳葉鰻」會順著海流發育成「玻璃鰻」，接著在日本等淡水域蛻變為成魚。日本人桌上香噴噴的鰻魚，其實都是從關島及賽班島深海出生的。

鰻魚祖先應該原本也棲息在深海，後來部分祖先來到比深海食物更豐富的淡水域，就演變成了現在的鰻魚。

相對的，吞鰻終其一生都於深海度過，為了在食物匱乏的深海輕鬆捕捉獵物，吞鰻的嘴巴大得誇張，牠們會讓身體垂直立起，張開巨大囊袋般的嘴，等待小型甲殼類等獵物自投羅網。捕食方式應該是等獵物跑進口中後將嘴緩緩關閉，將吞下的水用鰓孔排出，並把獵物吞下。 **圖❷** 而由於嘴巴的形狀，吞鰻又別稱「鵜鶘鰻」。

圖❶

鰻魚與吞鰻是近親

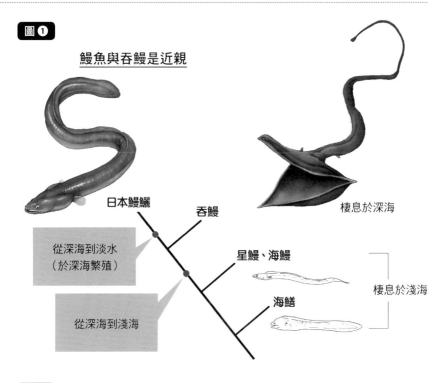

日本鰻鱺 ———— 吞鰻

棲息於深海

從深海到淡水
（於深海繁殖）

從深海到淺海

星鰻、海鰻

海鱔

棲息於淺海

圖❷ 吞鰻捕食的方法

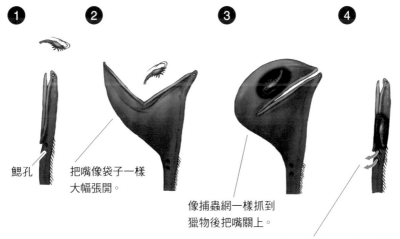

❶ ❷ ❸ ❹

鰓孔

把嘴像袋子一樣
大幅張開。

像捕蟲網一樣抓到
獵物後把嘴關上。

從鰓孔排出吞下的水，並把
獵物吃進肚子裡。

魚類

肺魚

Lungfish

肺魚顧名思義是一種擁有肺部，可以呼吸空氣的魚，牠們跟腔棘魚一樣都是肉鰭魚，肥厚的魚鰭裡含有骨頭和肌肉。肺魚的對鰭（胸鰭、腹鰭）相當於人類的手腳，原始澳洲肺魚的對鰭非常肥厚，南美肺魚及非洲肺魚的對鰭則是呈細長鞭狀。

如果人類
跟肺魚一樣

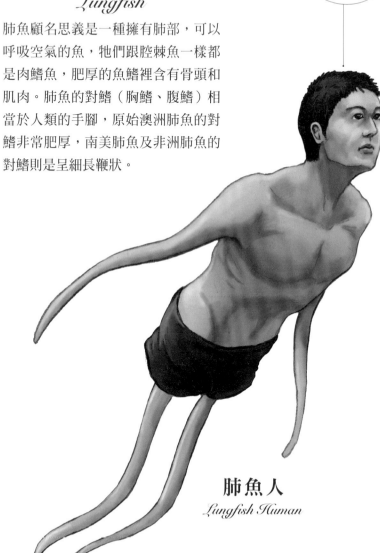

肺魚人
Lungfish Human

肺魚人的演化

肺魚

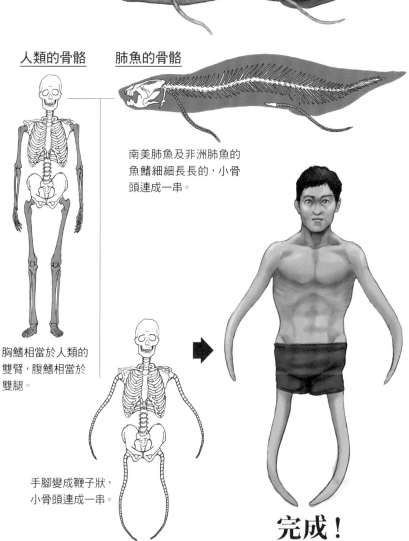

人類的骨骼　　肺魚的骨骼

南美肺魚及非洲肺魚的
魚鰭細細長長的，小骨
頭連成一串。

胸鰭相當於人類的
雙臂，腹鰭相當於
雙腿。

手腳變成鞭子狀，
小骨頭連成一串。

完成！

旱季時在土中「夏眠」

　　肺魚出現於四億年前左右的魚類黃金時代——泥盆紀，從化石可以得知當時肺魚繁衍得非常興盛，種類也很豐富。然而現代肺魚的種類卻少之又少，只剩六種存活在世界上，分別是四種非洲肺魚（Protopterus），以及澳洲肺魚（Neoceratodus）、南美肺魚（Lepidosiren）。**圖❶**

　　肺魚與其他魚類一樣都有鰓，但顧名思義，肺魚主要靠肺部呼吸。硬骨魚的其中一段消化道會膨起來，裡面充滿氣體，這種構造稱為「魚鰾」，能幫助硬骨魚浮起來，而肺魚的魚鰾則演變成了肺部，得以呼吸空氣。

　　現存肺魚中最原始的澳洲肺魚，對鰭（胸鰭、腹鰭）與其他魚類一樣呈葉片狀，肺部較不發達，大多於水中靠鰓呼吸以補充氧氣，無法在陸地生活。

　　相較之下，對鰭呈鞭狀的南美肺魚與非洲肺魚的肺部就很發達，能夠充分用肺呼吸。因此在旱季時水源乾涸的地方，這兩種肺魚會鑽進土中「夏眠」，進入休眠狀態，直到雨季時陸地充滿水再出來。牠們就跟動物冬眠一樣，會將代謝下降到最低，靠著蓄積在尾巴的脂肪撐到下個雨季。**圖❷**

圖❶ 肺魚的種類

澳洲肺魚
（Neoceratodus）

跟腔棘魚一樣，魚鰭很厚，用鰓呼吸。

非洲肺魚
（Protopterus）

魚鰭退化，變得細細長長，用肺呼吸。

圖❷ 非洲肺魚、南美肺魚的夏眠

雨季

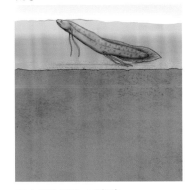

在水裡生活時，頭部會
浮出水面呼吸。

旱季

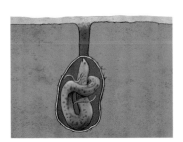

旱季時會鑽土，在充滿黏液與泥
巴的繭裡夏眠。此時的肺魚與動物
冬眠時一樣，身體的代謝下降到最
低，以減少熱量消耗。

魚類

腔棘魚

Coelacanth

腔棘魚的鰭厚厚的，跟人類手腳一樣，裡頭含有骨頭和肌肉。牠們總共有十片魚鰭，其中四片是相當於人類手腳的對鰭（胸鰭與腹鰭），三片是人類缺乏的背鰭，兩片是臀鰭，最後一片則是尾鰭。

如果人類
跟腔棘魚一樣

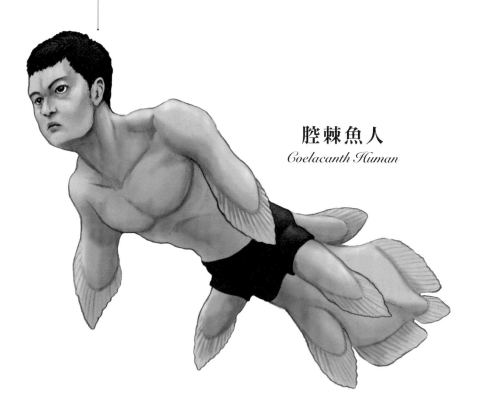

腔棘魚人
Coelacanth Human

腔棘魚人的演化

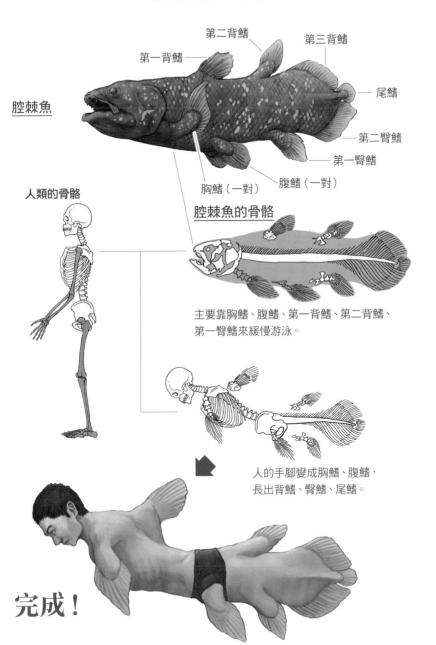

第二背鰭

第一背鰭

第三背鰭

尾鰭

腔棘魚

第二臀鰭

第一臀鰭

胸鰭（一對）　腹鰭（一對）

人類的骨骼

腔棘魚的骨骼

主要靠胸鰭、腹鰭、第一背鰭、第二背鰭、
第一臀鰭來緩慢游泳。

人的手腳變成胸鰭、腹鰭，
長出背鰭、臀鰭、尾鰭。

完成！

疑似一度滅絕的夢幻魚種

　　腔棘魚是一種深海魚，棲息於兩百公尺以下的海底。牠擁有「活化石」的稱號，卻一直到近代才被發現。在一九三八年，漁民於南非東北海岸首度捕撈到腔棘魚之前，人們只能透過化石來認識牠，學者甚至一度以為腔棘魚跟恐龍、菊石一樣，早在六千六百萬年前的大滅絕時代就絕種了。因此，撈到活生生的腔棘魚震驚了全世界，堪稱世紀級大發現。

　　腔棘魚類出現於距今四億年以前，現存共有兩種矛尾魚，都棲息在深海。然而，從化石可以得知遠古時代的腔棘魚曾經多達九十種，棲息範圍非常廣泛，從淺海到河川、湖泊都能見到牠們的身影。

　　不過，由於六千六百萬年前以後就再也沒有發現腔棘魚類的化石，因此生物學家一度以為腔棘魚已經絕種，不過真正的原因應該是腔棘魚類後來只棲息在深海，所以沒有留下化石。腔棘魚生活的海底水深達兩百公尺，缺乏大型鯊魚等天敵，因此能保持原始的模樣生存到現在。深海的動物本來就稀少，少有競爭對手會搶奪食物或化為天敵，因此這些較原始的生物在深海往往能夠存活下來。

四億年前出現了許多腔棘魚

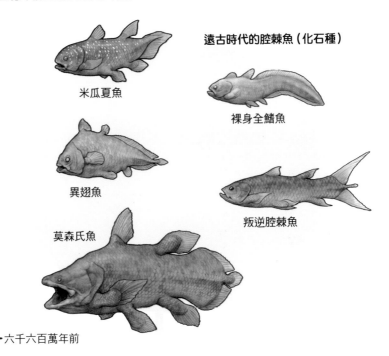

遠古時代的腔棘魚（化石種）

米瓜夏魚

裸身全鰭魚

異翅魚

叛逆腔棘魚

莫森氏魚

六千六百萬年前

這段期間都沒有發現腔棘魚的化石
（或許一直潛在深海？）

現存的矛尾魚
一九三八年出現活體

現在

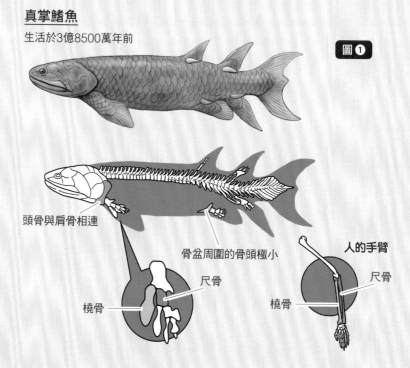

真掌鰭魚
生活於3億8500萬年前

圖❶

頭骨與肩骨相連

骨盆周圍的骨頭極小

人的手臂

尺骨

橈骨

橈骨

尺骨

真掌鰭魚與提塔利克魚

「肉鰭魚」是魚類演化到四足動物（兩生類）的過渡期，也是脊椎動物適應陸地生活的橋樑。當時有一種叫做真掌鰭魚的肉鰭魚，體長約六十公分，胸鰭含有「肱骨」、「尺骨」、「橈骨」等骨骼，這些骨骼相當於人類的手骨，肱骨就是上臂的骨頭，尺骨與橈骨這兩根骨頭則是手肘到手腕的骨頭。 圖❶ 換言之，真掌鰭魚的外型雖然跟一般魚沒什麼兩樣，但鰭的構造卻比其他魚類更接近我們人類的手臂。

提塔利克魚是比真掌鰭魚更接近四足動物的肉鰭魚，胸鰭的肱股、橈骨、尺骨之間有關節，換句話說，牠的手肘可以柔軟地彎曲，手腕也能

提塔利克魚

生活於約3億7500萬年前

圖②

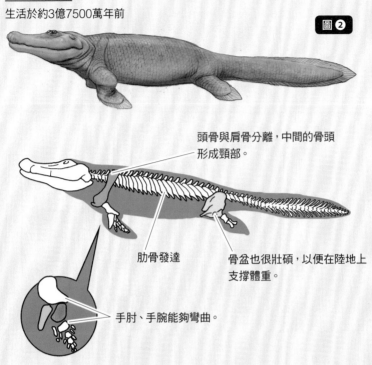

頭骨與肩骨分離，中間的骨頭形成頸部。

肋骨發達

骨盆也很壯碩，以便在陸地上支撐體重。

手肘、手腕能夠彎曲。

屈折，魚鰭前端會像手一樣接觸地面，做出伏地挺身般的動作。像這樣用魚鰭支撐身體，就離在陸地行走更進一步了。提塔利克魚有好幾個特徵不像魚，首先，牠的頭部如鱷魚般扁平，眼睛也不像魚長在兩側，而是在靠近頭頂的地方。再來，魚類的頭骨與肩骨基本上連在一起，但提塔利克魚的頭與肩膀卻是分離的，中間形成脖子，也就是「頸部」，這是提塔利克魚的一大特徵。圖② 牠的體軸上也沒有背鰭與臀鰭，形象已經和魚類相去甚遠。

魚石螈
生活於3億6500萬年前

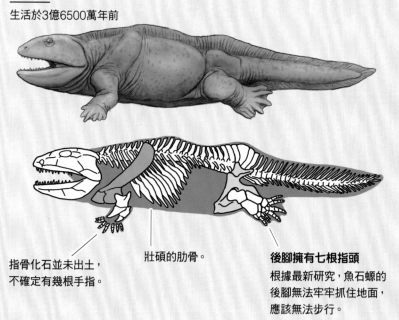

指骨化石並未出土，
不確定有幾根手指。

壯碩的肋骨。

後腳擁有七根指頭
根據最新研究，魚石螈的
後腳無法牢牢抓住地面，
應該無法步行。

魚石螈

　　魚石螈比提塔利克魚又更接近四足動物，堪稱是最早的四足動物。牠的鰭已經演化成腳，後腳有七根指頭，遺憾的是，前腳指骨的化石並未出土，所以不確定有幾根。魚石螈的肋骨很粗，彼此緊密疊合，結構堅固，牠們很難在水裡自由地扭動身體和游泳，但肋骨卻能保護內臟、抵禦地上的重力，因此魚石螈應該是在陸地上生活的。但後腳的結構雖有指頭卻無法抓住地面，所以可能還沒有辦法在陸地上四處走動。**圖①**

Chapter.2

兩生類・
爬蟲類

Amphibian
Reptiles

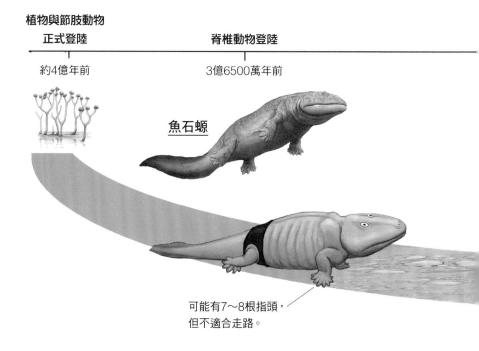

植物與節肢動物
正式登陸   **脊椎動物登陸**

約4億年前   3億6500萬年前

魚石螈

可能有7～8根指頭，
但不適合走路。

最早的四足動物·兩生類

　　最早從水中登陸的生物是植物，以及蜱蟎、跳蟲等節肢動物。距離

牠們正式登陸約四千萬年後，脊椎動物中的兩生類也首度來到陸地

上。或許是因為脊椎動物不僅體型龐大，身體結構也不如節肢動物般

單純，才花了那麼長時間演化以適應陸地生活吧。

　　魚石螈是最早成功登陸的兩生類（請見P.48），但牠那擁有七根指

頭的後腳無法抓住地面，不適合步行，應該還很仰賴水中生活。進入

石炭紀以後，大約三億五千萬年前出現了一種叫做彼得足螈的兩生

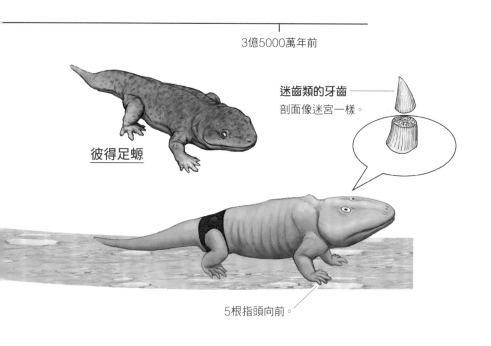

3億5000萬年前

迷齒類的牙齒
剖面像迷宮一樣。

彼得足蟓

5根指頭向前。

類。這種生物的腳有五根指頭，而且指頭可以面向前方，代表兩生類終於能夠正式在陸地行走了。

　　兩生類的體積比其他生物還要龐大，因此來到陸地後根本沒有對手。牠們登陸後並沒有離開水域環境，當時也缺乏像鱷魚一樣的爬蟲類，於是兩生類立刻稱霸了水邊。牠們銳利牙齒表面的琺瑯質結構屈折迂迴，剖面彷彿迷宮，因此又稱「迷齒類」。不過，後來出現了鱷魚類與迷齒類爭奪地盤，導致迷齒類約一億年後便滅絕了。

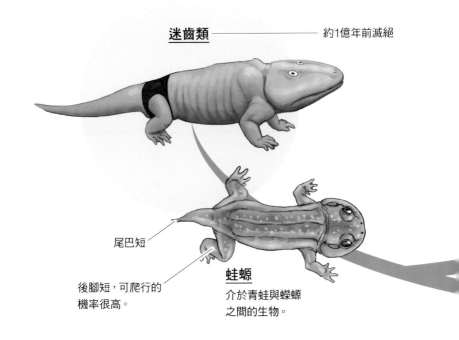

迷齒類 —————— 約1億年前滅絕

尾巴短

後腳短，可爬行的
機率很高。

蛙蜥
介於青蛙與蠑螈
之間的生物。

青蛙與蠑螈共同的祖先

　　據生物學家推測，約一億年前消聲匿跡的迷齒類，曾有過長達九公尺的巨大品種，但已全數滅絕，變成了現在的青蛙、蠑螈等「平滑兩生類」。

　　在已滅絕的迷齒類中，有一種動物連結了青蛙、蠑螈等現代兩生類，那就是生活於兩億九千萬年前二疊紀中期的兩生類——蛙蜥。迷齒類大多體型龐大，但蛙蜥僅有十一公分，與現代兩生類體型相差無幾。蛙蜥化石於一九九五年自美國德州出土，二○○八年的研究則證

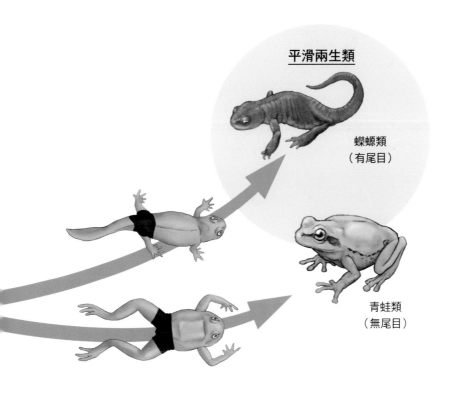

平滑兩生類

蠑螈類
（有尾目）

青蛙類
（無尾目）

實為青蛙類（無尾目）與蠑螈類（有尾目）共同的祖先。

蛙螈是青蛙與蠑螈共同的祖先，模樣也混合了兩者的特徵。牠與青蛙一樣擁有扁平的頭部與耳朵，脊椎骨數量則介於青蛙與蠑螈之間。

此外，牠也擁有短短的尾巴，似乎正處於無尾青蛙類與長尾蠑螈類的過渡期。腳則不像青蛙後腿一樣長，無法蹦蹦跳跳，因此應該是跟蠑螈一樣靠爬行、游泳來移動。

両生類・爬蟲類

蠑螈

Newt

我們人類的腿從身體垂直往下延伸，靠雙腳直立行走。相較之下，蠑螈等兩生類及爬蟲類的腿都是從身體往兩側延伸，靠爬行來移動。而我們的手有五根指頭，蠑螈和青蛙等兩生類的前腳則只有四根指頭。

如果人類
跟蠑螈一樣

蠑螈人
Newt Human

蠑螈人的演化

蠑螈

蠑螈的骨骼

腿從脊椎往
兩側延伸。

人類的骨骼

指頭數量為前腳四根、
後腳五根。

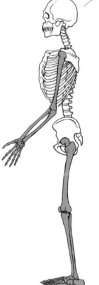

雙腿改從骨盆兩側
生長，前掌變成四
根手指。

完成！

人的雙腿從骨盆
向下延伸。

四指的前腳

我們人類的手有五根指頭，後腳也有五根指頭，但像蠑螈、青蛙等兩生類，後腳雖然和人類一樣是五指，前腳卻只有四指。魚石螈等原始四足動物雖然有六到八根指頭，**圖❶** 但在日後的演化中，基本上四足動物都是五指，兩生類的前腳則少一指。不過，儘管現在兩生類前腳為四指，但在遠古時代，兩生類的前腳原本是有五根指頭的。在曾經興旺但已滅絕的兩生類族群「迷齒類」中，有一種接近現代兩生類的「斷椎類」，牠們的前腳就是四根指頭，據說現在的兩生類就是繼承了斷椎類的特徵。**圖❷**

相對的，現代爬蟲類則與兩生類不同，前腳都有五根指頭。爬蟲類雖然同樣從兩生類演化而來，但迷齒類除了斷椎類以外，還有另一個類群叫做「炭蜥類」，而這就是爬蟲類等有羊膜類的祖先。牠們也和現在的爬蟲類一樣，前腳都有五根指頭。**圖❸**

由此可見，在遠古時代的兩生類中，連接現代青蛙、蠑螈等兩生類的族群，以及連接蜥蜴、鱷魚、蛇、烏龜等爬蟲類的族群，應該很早就分化出來了。

圖❶ 原始的四足動物　六到八根指頭

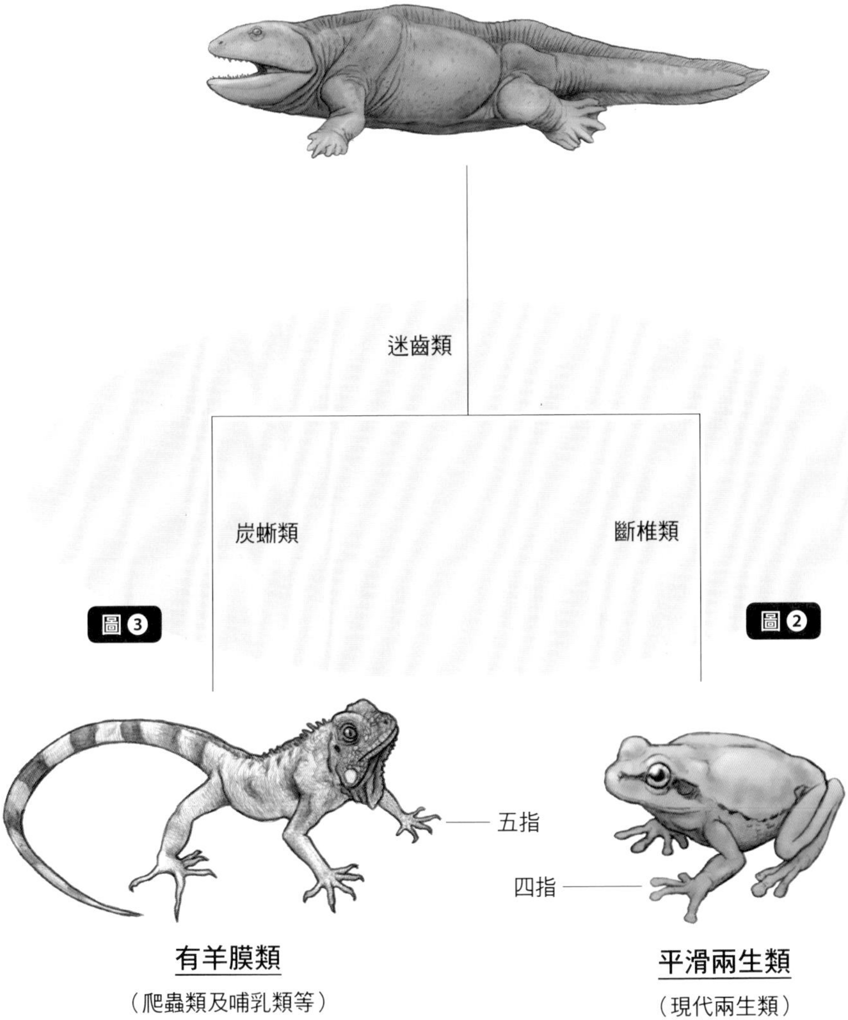

迷齒類

炭蜥類　　　　　　　　　　　斷椎類

圖❸　　　　　　　　　　　　　　　　**圖❷**

────── 五指

四指 ──────

有羊膜類

（爬蟲類及哺乳類等）

平滑兩生類

（現代兩生類）

早期的兩生類雖然體積龐大，一度稱霸陸地，
但必須在水中產卵，無法離開水域，
因此在陸地上的生活範圍有限。

圖❶

兩生類的卵

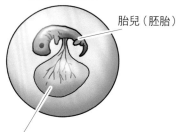

胎兒（胚胎）

蛋黃（胎兒所攝取的營養塊）

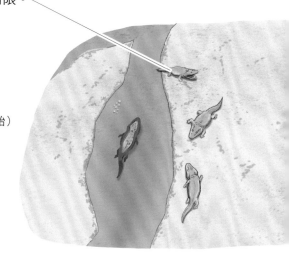

爬蟲類現身

　　兩生類的手腳從肉鰭魚的鰭演化而來，在牠們登陸並擴大生活範圍
約五千年後，出現了爬蟲類。從化石可以得知，最古老的爬蟲類是生
活於距今三億一千五百萬年前的林蜥，這是一種體長約三十公分，外
型類似蜥蜴的生物。爬蟲類從兩生類中分化出來，究竟有哪些較大的
改變呢？

　　最大的差異在於爬蟲類能夠在陸地上產卵。魚類及兩生類的卵一般
都是在水裡產下、孵化，卵中的胎兒在水裡才能茁壯。**圖❶** 相較之
下，能夠在陸地產卵的爬蟲類，卵中有一個充滿羊水，叫做「羊膜」

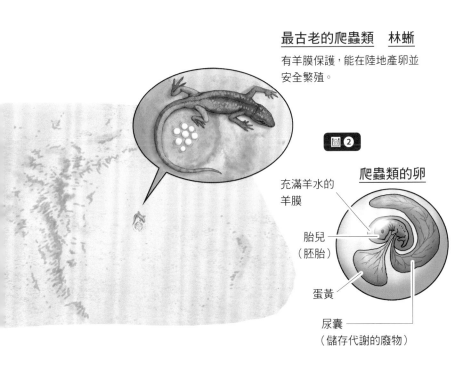

最古老的爬蟲類　林蜥

有羊膜保護，能在陸地產卵並安全繁殖。

圖❷

爬蟲類的卵

充滿羊水的
羊膜

胎兒
（胚胎）

蛋黃

尿囊
（儲存代謝的廢物）

的袋子，胎兒就在這個如同水膠囊的空間裡成長。圖❷ 有了這層結構，爬蟲類即使身處於乾燥的陸地，胎兒也能在卵中成長到一定的程度再孵化。而最原始的爬蟲類——林蜥，就是以這種方式在陸地上繁殖的。

當時，大型兩生類雖然是強大的掠食者，但只能在水中產卵，不能離開水域。對於體型瘦小的林蜥而言，大型兩生類固然頗具威脅，但只要遠離兩生類棲息的水域，到陸地上產卵，就能安全繁衍，爬蟲類也因此在後來開枝散葉。

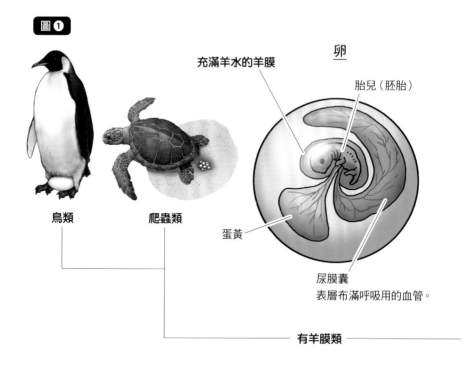

圖❶

鳥類　　　爬蟲類

充滿羊水的羊膜

卵

胎兒（胚胎）

蛋黃

尿膜囊
表層布滿呼吸用的血管。

有羊膜類

卵生與胎生

　　不止爬蟲類擁有以羊水包覆胎兒的羊膜結構，從爬蟲類分化出來的鳥類與哺乳類也有。因此，爬蟲類、鳥類、哺乳類同屬於「有羊膜類」。有羊膜類登上陸地這塊舞台後，擴大了生活範圍到內陸生活，而不再依賴水域，繁衍得欣欣向榮。

　　除了羊膜以外，卵內還有蛋黃。蛋黃裡充滿母親供給的營養，用來孕育胎兒。而成長中代謝的廢物（也就是尿液）則排泄到「尿膜囊」這個袋子裡，避免直接排出而污染羊水。可是，這樣下去卵內的尿膜

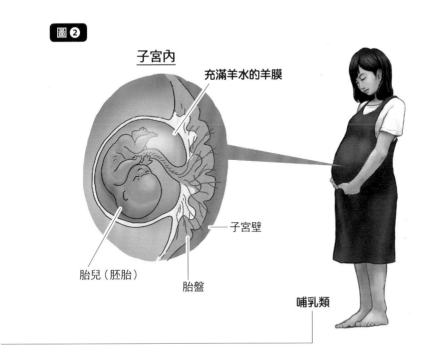

圖❷

子宮內

充滿羊水的羊膜

子宮壁

胎兒（胚胎）

胎盤

哺乳類

囊就會逐漸膨脹並包覆胎兒，導致胎兒窒息，因此胎兒體內的血管會延伸到尿膜囊表面呼吸，藉此攝入氧氣。**圖❶**

　　相較之下，哺乳類則不同於卵生的爬蟲類及鳥類，而是在母親的子宮內孕育胎兒，這種型態稱為「胎生」，較接近原始生物。包含我們人類在內的有胎盤類會將布滿血管、供應胎兒呼吸的尿膜囊深入母親的子宮內膜，與母體合而為一，製造出胎盤。這麼一來母體不但能供應營養和氧氣，連廢物代謝也能一併處理。**圖❷**

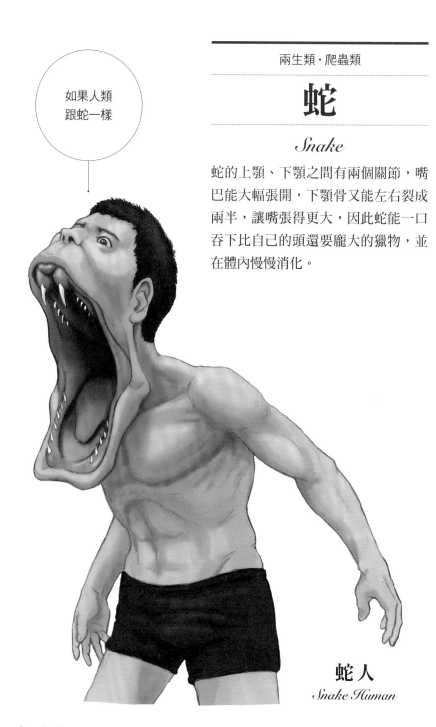

如果人類
跟蛇一樣

蛇

Snake

蛇的上顎、下顎之間有兩個關節，嘴巴能大幅張開，下顎骨又能左右裂成兩半，讓嘴張得更大，因此蛇能一口吞下比自己的頭還要龐大的獵物，並在體內慢慢消化。

蛇人
Snake Human

蛇人的演化

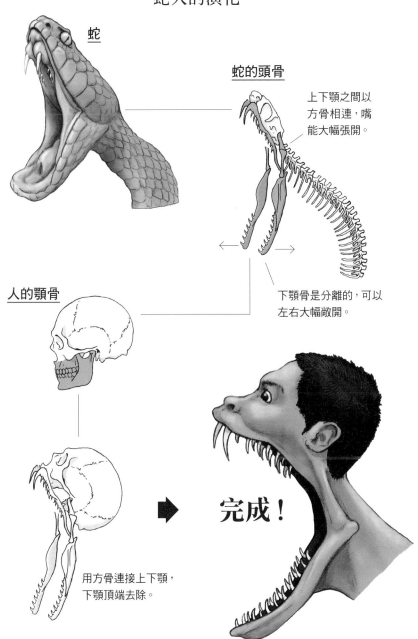

蛇

蛇的頭骨

上下顎之間以
方骨相連,嘴
能大幅張開。

人的顎骨

下顎骨是分離的,可以
左右大幅敞開。

用方骨連接上下顎,
下顎頂端去除。

完成!

能吞下巨大獵物的顎部

　　蛇大約是在一億年前由蜥蜴演化而來的，目前已有三千種以上的種類。蛇給人的印象，不外乎扭動著細長的身體在地上爬行，其實牠們也很擅長游泳、爬樹、纏住樹枝、鑽進岩石縫隙或地底洞穴，而這都要歸功於細長的身體。

　　蛇的眼睛覆蓋著透明鱗片，不會眨眼。牠們也沒有耳朵，而是靠顎骨與身體感受震動來辨別聲音。這些特色在其他動物身上固然罕見，不過蛇最大的特徵還是能張開血盆大口，一口吞下比自己的頭還要龐大的獵物。為了吞下比頭大的食物，牠們頭骨的各個部位不但能夠分離，下顎關節還多了一塊叫方骨的骨頭，這塊方骨形成了兩個關節，讓嘴巴能夠大幅張開。蛇的顎部結構也很靈活，下顎骨能夠左右敞開。**圖❶**

　　為了讓吞下的獵物通過細長的身體，蛇連接肋骨的胸椎也退化消失了，讓肋骨能夠開闔。當肋骨張開，大型獵物就能通過身體。**圖❷** 透過這種結構，蛇就能吞下比自己大上數倍的獵物。

圖 **1**

顎部有兩個關節，
讓嘴巴能大幅敞開。

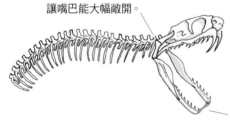

下顎可左右分離，
中間以韌帶相連。

圖 **2**

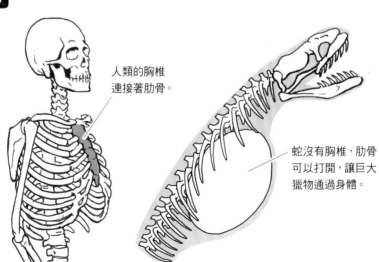

人類的胸椎
連接著肋骨。

蛇沒有胸椎，肋骨
可以打開，讓巨大
獵物通過身體。

如果人類
跟變色龍一樣

兩生類・爬蟲類

變色龍

Chameleon

變色龍是一種適應了樹上生活的
蜥蜴。牠們的拇指和人類的拇指
相似，能和其他指頭握合，指頭
不是朝著同一個方向，而是兩根
指頭和三根指分開，彼此能夠握
起來。透過這種結構的四隻腳，
變色龍就能牢牢抓住樹枝。

變色龍
Chameleon Human

變色龍人的演化

變色龍

變色龍的骨骼

舌頭也有骨頭。

人類的骨骼

腳指分成兩指和三指，能夠握起來。

手腳的指頭變成兩指和三指互握。

完成！

適應樹上生活的身體

　　變色龍雖然是蜥蜴的一種，但已經適應了樹上生活，身體各部位都變得非常獨特，模樣與其他蜥蜴大相逕庭。

　　牠們鼓溜溜的雙眼還能左右各自三百六十度轉動，不但能看到自己背部，還能將周圍遍覽無遺，這也是變色龍的一大特徵。**圖❶**

　　牠們那擅長爬樹的腳指分成兩根與三根相對，能夠牢牢握住樹枝。此外，牠們的尾巴還能滴溜溜地捲起來，靠這條尾巴纏住樹枝就能支撐身體，讓軀幹保持穩定。**圖❷** 當牠們要移動到其他樹枝時，會先用尾巴纏緊原本的樹枝，然後把腳伸到別的樹枝上，因此尾巴的功能非常重要。

　　變色龍最廣為人知的，就是牠們能吐出比自己身體還要長的舌頭，靠著舌尖黏黏的部位抓住蟲子等獵物。牠們舌根的肌肉平常就和蛇腹一樣緊緊縮著，當這裡一口氣放鬆，細細長長的舌頭就會像箭一樣射出去。**圖❸**

　　變色龍的體色能隨著周遭的色彩和明亮而變化，但並不能任意變成所有顏色。此外，牠們的體色也會隨著身體狀況而異，亢奮時顏色會變深。

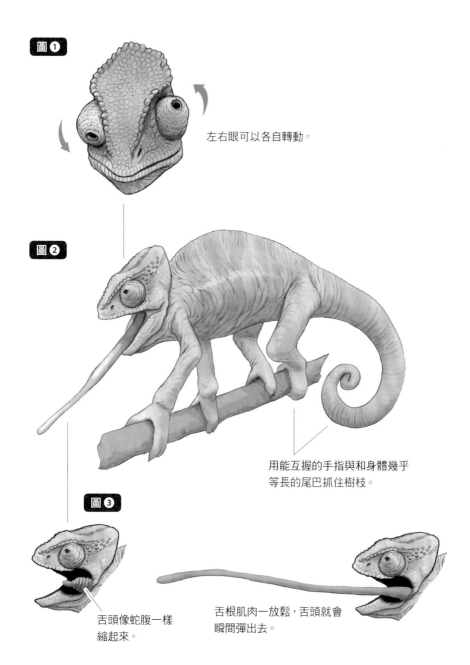

圖 ❶

左右眼可以各自轉動。

圖 ❷

用能互握的手指與和身體幾乎
等長的尾巴抓住樹枝。

圖 ❸

舌頭像蛇腹一樣
縮起來。

舌根肌肉一放鬆，舌頭就會
瞬間彈出去。

69

兩生類‧爬蟲類

烏龜

Turtle

在上一集《超獵奇！人體動物圖鑑
①》已經講解過，烏龜的甲殼相當於
人類的肋骨，牠們的肩骨縮在肋骨內
側，前腳活動受限，只有手肘能往前
挪。因此烏龜與普通的四足動物不
同，走路時前腳指頭是朝向內側的。

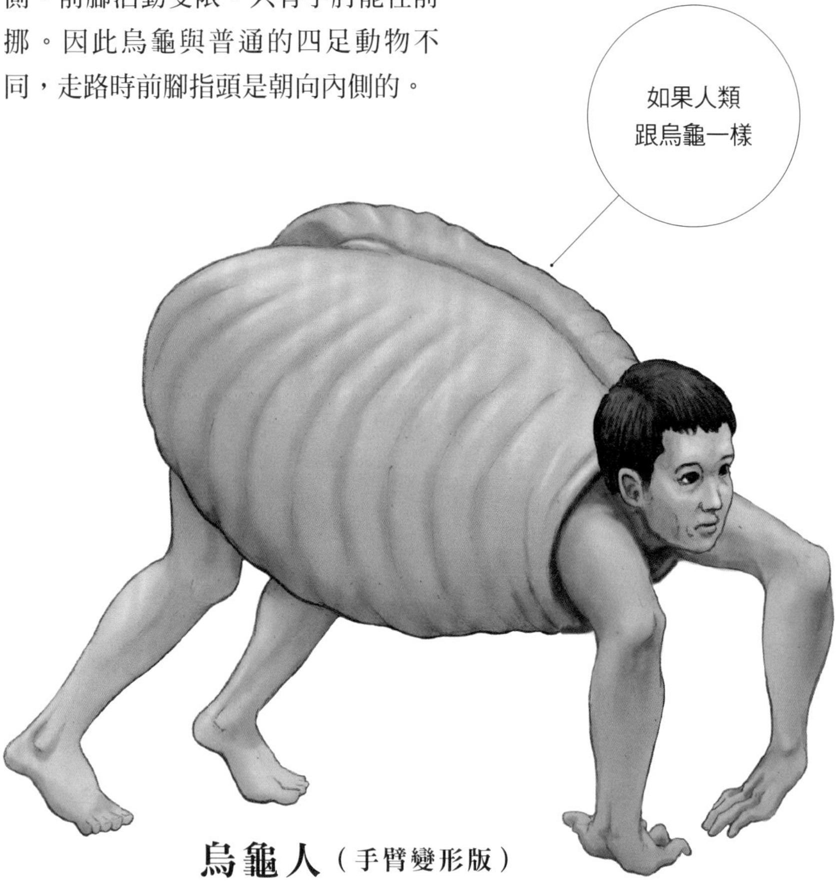

如果人類
跟烏龜一樣

烏龜人（手臂變形版）
Turtle Human

烏龜人（手臂變形版）的演化

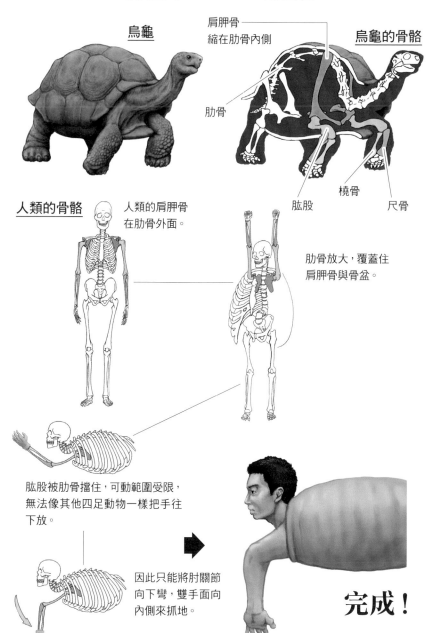

烏龜

烏龜的骨骼

肩胛骨
縮在肋骨內側

肋骨

橈骨

尺骨

肱股

人類的骨骼

人類的肩胛骨
在肋骨外面。

肋骨放大，覆蓋住
肩胛骨與骨盆。

肱股被肋骨擋住，可動範圍受限，
無法像其他四足動物一樣把手往
下放。

因此只能將肘關節
向下彎，雙手面向
內側來抓地。

完成！

71

受巨大肋骨限制的前腳

　　烏龜為了抵禦外敵，將肋骨變成了甲殼。牠們的脖子和腳可以縮進堅硬的龜殼中，避免天敵啄食，但這層殼也限制了烏龜的行動，尤其是前腳。

　　除了烏龜以外，所有脊椎動物的肩胛骨都在肋骨外面，但烏龜幾乎全身都在肋骨的覆蓋之下，連肩胛骨都縮在裡頭，因此從肩胛骨延伸的前腳可動範圍非常小，導致牠們只能將手肘往前挪，以指頭朝內的方式移動。就其他四足動物來看，這種姿勢非常不良於行。**圖❶** 但烏龜已經有兩億年左右沒有改變過基本的身體結構了，這表示被龜殼卡住的前腳對牠們來說並不會不易行走。

　　這種烏龜走路的方式一樣可以透過人體重現。準備一個大管子把身體到肩膀都塞進去，這樣一定很難用四肢爬行。為了讓手碰到地面，手肘自然就會往前轉，連帶著指頭也會面向內側，**圖❷** 烏龜就是以這種姿勢來爬行的。

圖❶

用人的手臂重現烏龜的前腳

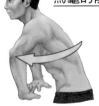

—— 關節乍看是反過來的，
其實只是指頭朝向內側。

手肘轉向前

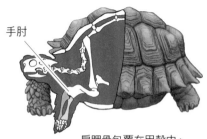

手肘

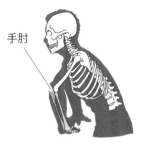

手肘

肩胛骨包覆在甲殼中，
導致延伸自肩膀的前腳動作受限。

圖❷

用人的身體重現烏龜的前腳

用大管子充當龜殼，套住
身體到肩膀，限制手臂的
活動範圍。

在這個姿勢下盡量讓
手碰到地面，手自然
會向內轉。

雙冠蜥

Basilisk

雙冠蜥是一種能使出輕功水上飄的蜥蜴，牠們會以極快的速度用兩條長長的後腿站在水面上奔馳，趁著單腳沉入水中之前立刻踏出另一步。如此高速反覆，就能在水面上移動一定的距離。即使身體不敵重力沉了下去，牠們也很擅長游泳，所以不成問題。

如果人類
跟雙冠蜥一樣

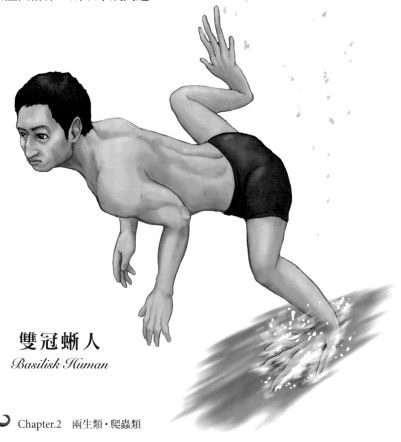

雙冠蜥人
Basilisk Human

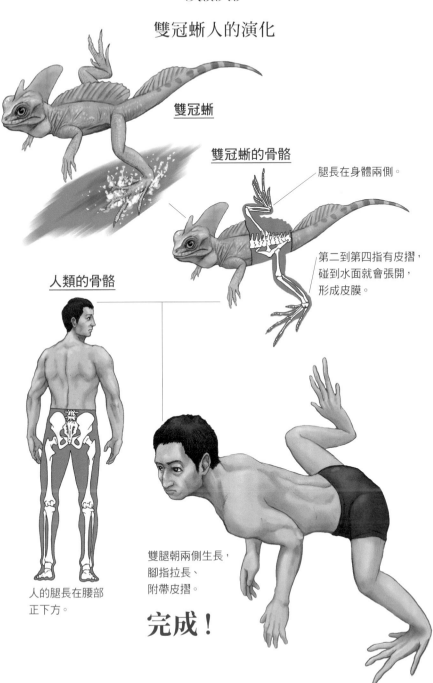

How to

雙冠蜥人的演化

雙冠蜥

雙冠蜥的骨骼

腿長在身體兩側。

第二到第四指有皮摺，
碰到水面就會張開，
形成皮膜。

人類的骨骼

人的腿長在腰部
正下方。

雙腿朝兩側生長，
腳指拉長、
附帶皮摺。

完成！

輕功水上飄的祕密

　　雙冠蜥指的是雙冠蜥屬，主要種類包括有發育成熟後身體呈鮮綠色的綠雙冠蜥，以及在雙冠蜥屬中體型最大的棕雙冠蜥等等。

　　雙冠蜥主要棲息於中美洲的熱帶雨林，牠們喜歡森林的水域，幾乎都在鄰近水邊的樹上度過。不過一旦察覺危險，就會從樹上跳到水面，使出牠們特有的輕功水上飄。雙冠蜥會抬起上半身，用細長的尾巴維持平衡，以極快的速度用後腿跨步。透過這一連串的動作，雙冠蜥便能以秒速約一公尺的速度在水面奔馳。

　　照理說在水面行走是會沉沒的，不過雙冠蜥卻能在單腳沉入水中之前再踏出下一步，避免身體沒入水裡。**圖❶** 以樹棲型蜥蜴來說，雙冠蜥的後腳指頭細長，指頭之間還有「皮摺」，皮摺在水面上會張開，**圖❷** 這麼一來，牠們腳底接觸水面的面積就會變大，讓身體不易下沉。雖然雙冠蜥使出輕功水上飄的距離約四公尺就是極限，但牠們很擅長游泳，即使身體沉入水中，也能潛水高達三十分鐘。根據聖經記載，耶穌能夠於水面行走，因此在中美洲，雙冠蜥又別名「耶穌基督蜥」。

圖❶

在腳沉沒前踏出
下一步。

圖❷

皮摺
腳碰到水面時會張開。

Column.2 過渡型動物② 從爬蟲類到恐龍

想像中的翼龍祖先

圖❶　　　　　　　　　圖❷

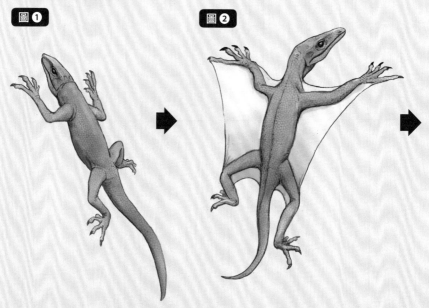

翼龍的祖先（推測）

　　在爬蟲類之中，有一種最早能像鳥兒一樣自由遨翔的脊椎動物，那就是翼龍。代表性的「無齒翼龍」是大家比較熟悉的種類。

　　翼龍是能夠飛翔的爬蟲類，在距今約兩億兩千萬年前，與恐龍從同一祖先演化而來。牠們相當於人類無名指的第四指不成比例地往前延伸，前腳到後腳之間覆蓋著皮膜，形成巨大的翅膀。

　　究竟翼龍是怎麼從無翅膀的爬蟲類，演變成能夠展翅遨翔的飛行爬蟲類呢？直到今日，古生物學家仍未發現翼龍祖先爬蟲類的化石，也沒有挖出演化到翼龍之前的過渡期化石，因此過程仍是一團謎，只能從原始

早期的翼龍
沛溫翼龍

第四指向前延伸，支撐翅膀。

翼龍來推測祖先的模樣。

　　翼龍的祖先應該是生活在樹上或懸崖等高處的四足步行小型爬蟲類**圖❶**，後來在演化過程中第四指（無名指）延長，前後腳之間長出了皮膜。**圖❷** 擁有鉤爪的第一指（拇指）到第三指（中指）不必支撐翅膀，因此這三指可以自由活動，用來攀爬樹木或懸崖。在高處時則會張開翅膀，像鼯鼠（飛鼠）一樣於樹林間穿梭滑翔，或者從高聳的懸崖滑翔。這應該就是翼龍祖先爬蟲類的模樣。

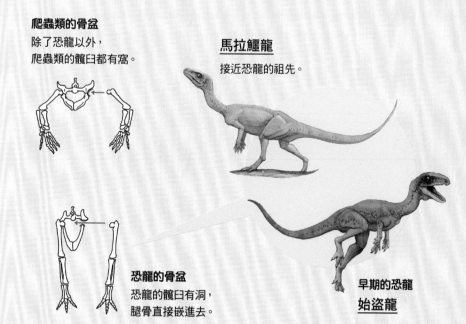

爬蟲類的骨盆
除了恐龍以外，
爬蟲類的髖臼都有窩。

馬拉鱷龍
接近恐龍的祖先。

恐龍的骨盆
恐龍的髖臼有洞，
腿骨直接嵌進去。

早期的恐龍
始盜龍

馬拉鱷龍

　　早期的恐龍是一群雙腿長在身體正下方，靠兩條後腿步行的爬蟲類。恐龍的祖先至今尚不明朗，不過倒是有一種叫做「馬拉鱷龍」的爬蟲類接近恐龍的祖先。牠們與恐龍一樣身材瘦長，靠雙腿行走，模樣與早期恐龍幾乎沒什麼兩樣。爬蟲類的骨盆有一處叫髖臼的地方，上面有個窩，能讓股骨（大腿骨）突出的關節卡在這裡，恐龍與馬拉鱷龍的髖臼則是有個洞，讓股骨突出的關節完全嵌進去。這種構造是恐龍及恐龍後代鳥類才有的特徵，而與恐龍相近的爬蟲類，如鱷魚、翼龍，以及我們人類的骨盆髖臼則都是凹陷成窩。

Chapter:3

恐龍・翼龍

Dinosaur
Pterosauria

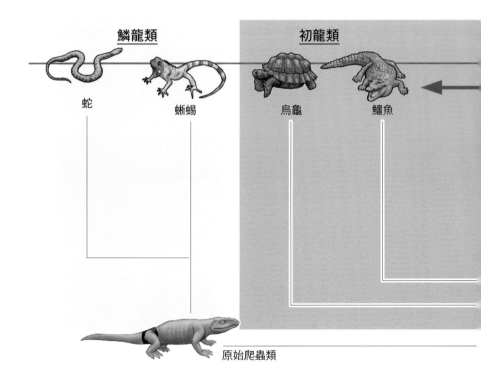

鱗龍類　　　　　　　　　初龍類

蛇

蜥蝪

烏龜

鱷魚

原始爬蟲類

鱷魚到鳥類之間的一大片空白

　　現在的爬蟲類主要分為蜥蝪、蛇、烏龜、鱷魚等類型，但在遠古時代還有許多已經滅絕的爬蟲類，例如魚龍、蛇頸龍等等。包含這些滅絕的種類在內，爬蟲類共可分為兩大類，分別是「鱗龍類」與「初龍類」。若對應到現在的爬蟲類，則蜥蝪、蛇屬於「鱗龍類」，烏龜、鱷魚屬於「初龍類」。其實，從爬蟲類這個大群分化出來的鳥類也包含在初龍類。換言之，鱷魚和鳥類都是初龍類，相較於鱗龍類的蜥蝪、蛇，鱷魚與鳥類的血緣關係更靠近。

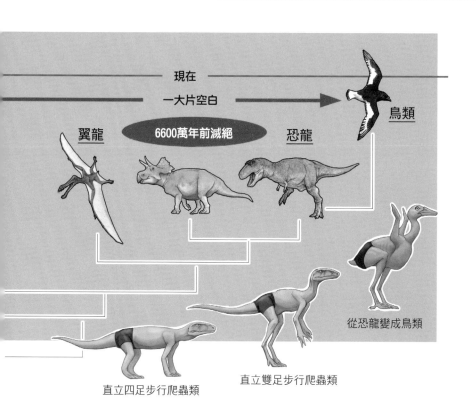

現在

一大片空白

鳥類

翼龍　　6600萬年前滅絕　　恐龍

從恐龍變成鳥類

直立四足步行爬蟲類

直立雙足步行爬蟲類

可是，鱷魚和鳥類的模樣卻天差地別。為什麼明明是親戚，長相卻截然不同呢？其實，鱷魚到鳥類之間，也曾經演化出各式各樣的動物群，但都在過去均已滅亡了，因此才留下了這麼一大片空白。那一片空白的動物群，包含了從接近鱷魚的爬蟲類演化而來恐龍與翼龍。接著，鳥類才從恐龍族群中現身。然而在六千六百萬年前生物大滅絕時，恐龍與翼龍都已相繼絕跡，只剩鱷魚和曾是恐龍一員的鳥類度過了危機，一路繁衍至今。

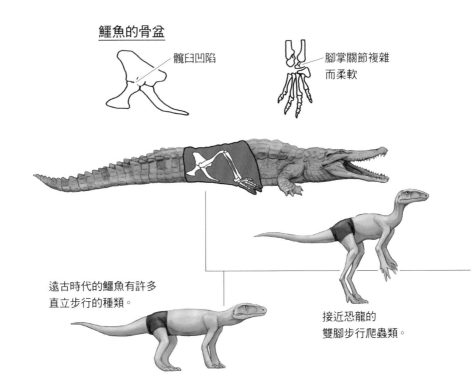

鱷魚的骨盆

髖臼凹陷

腳掌關節複雜
而柔軟

遠古時代的鱷魚有許多
直立步行的種類。

接近恐龍的
雙腳步行爬蟲類。

以雙腿支撐身體的足部結構

　　恐龍應該是從接近鱷魚的爬蟲類演化而來的，若要以一句話形容牠們最大的特徵，那就是「以一雙後腿直立步行的爬蟲類」。除了恐龍的後代鳥類及我們人類，四足動物幾乎都是靠四條腿走路，光從這點來看，就知道恐龍靠雙足步行相當罕見。不過，恐龍其實也有各式各樣的類群，不少種類在演化過程中也從雙足步行變成了四足步行。大部分的四足動物都是靠前腳與後腳這四條腿來支撐身體，恐龍卻只用兩條腿就撐起身體，可見牠們的腰腿必須非常強壯。

　　此外，恐龍的髖關節還有一項獨一無二的特徵。一般四足動物的骨

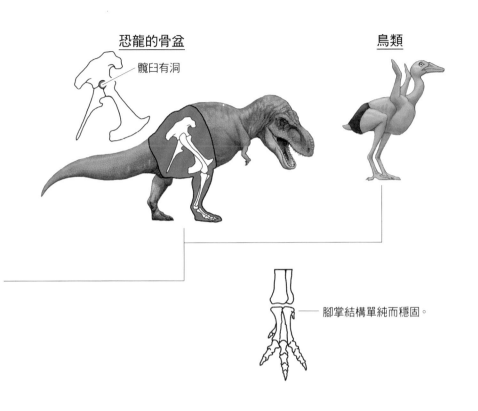

恐龍的骨盆

髖臼有洞

鳥類

腳掌結構單純而穩固。

盆都有窩，能讓股骨（大腿骨）關節突出的部分卡進去，但恐龍的骨盆並沒有窩，取而代之的是洞（請見P.80），能讓股骨關節突起處深深嵌入。這種結構導致恐龍無法做出左右張腿等靈活的動作，但也因為雙腿只能前後移動，使骨盆變得非常穩固。

恐龍腳踝的小骨頭也融而為一，結構簡單，無法做出轉動腳踝等複雜動作，卻也提升了穩定度。像這樣針對腰腿強化的特殊骨骼結構，是恐龍之所以為恐龍的關鍵所在。

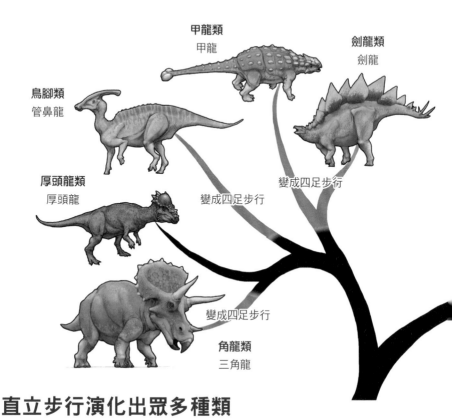

甲龍類
甲龍

劍龍類
劍龍

鳥腳類
管鼻龍

厚頭龍類
厚頭龍

變成四足步行

變成四足步行

變成四足步行

角龍類
三角龍

直立步行演化出眾多種類

　　恐龍的腰腿關節非常堅固，能夠直立行走。牠們的雙腿直直地長在軀幹下方，兩腿能夠打直，在陸地上強而有力地支撐身體，因此恐龍不但運動能力強，體型也能變大，甚至長出沉重的鎧甲和裝飾。於是，恐龍演化成了擁有多樣化型態的群類，有些變成了巨無霸，有些長出了氣派的裝飾，有些則身披重甲保護身體。

　　恐龍可分為七大類，體型特別龐大的稱為「蜥腳類」，許多種類全長都超過三十公尺。此外，還有背上長出板子或刺等裝飾的「劍龍類」，碩大頭部帶有頭盾與角的「角龍類」，以皮骨鎧甲包覆身體

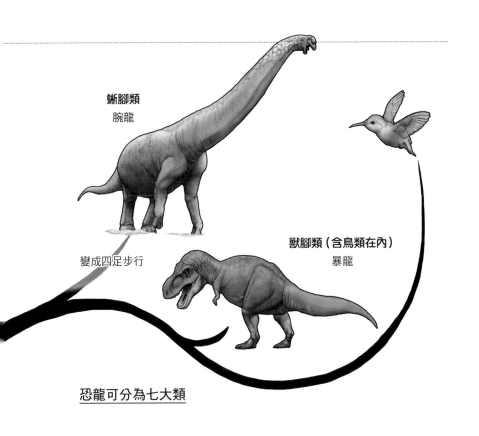

蜥腳類
腕龍

變成四足步行

獸腳類（含鳥類在內）
暴龍

恐龍可分為七大類

「甲龍類」等等……這些類群的恐龍由於身軀龐大或者多了裝飾，身體變得非常沉重，因此不少品種都從雙足步行變回了四足步行。

相較之下，「獸腳類」所有的類種都是雙足步行，最有名的就是暴龍了。在獸腳類現身後距今一億五千萬年前左右，鳥類出現了，這些鳥類也是獸腳類的一員，而且全部都是雙足步行，可見獸腳類一族從兩億三千萬年前恐龍現身直到現在，始終維持著恐龍最基本的雙足步行型態。此外，鳥類身上覆蓋著羽毛，而鳥類以外的獸腳類恐龍也有許多種類都有羽毛。

圖 **❶**

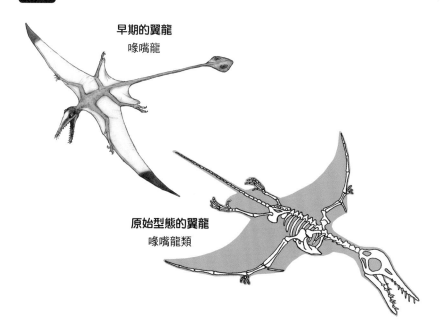

早期的翼龍
喙嘴龍

原始型態的翼龍
喙嘴龍類

翼龍的演化

翼龍與恐龍一樣，都是從接近鱷魚的爬蟲類演化而來，與恐龍幾乎同時出現在地球上，且與恐龍（鳥類除外）也同樣在六千六百萬年前滅絕。翼龍雖然長期與恐龍共存，但牠們演化的方向自始自終都是飛行性生物，不像恐龍擁有這麼多樣的型態。

翼龍可以大致分為原始型與進化型這兩大類。兩億兩千萬年前，原始翼龍「喙嘴龍類」現身了。**圖❶** 牠們的特徵是擁有長長的尾巴，體型限於小型到中型，即使是最大的品種，張開翅膀時長度也不超過二‧五公尺。

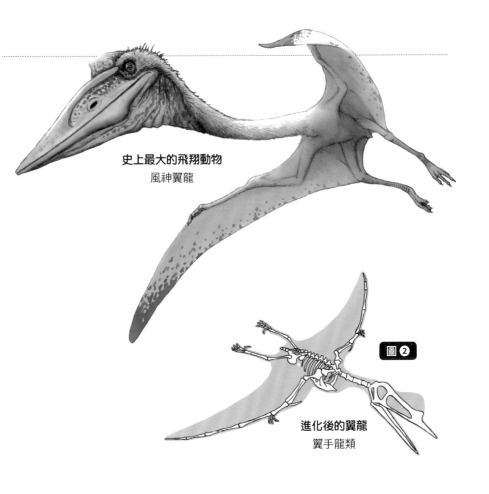

史上最大的飛翔動物
風神翼龍

圖❷

進化後的翼龍
翼手龍類

　之後到了一億五千萬年前，出現了進化型「翼手龍類」。 圖❷ 翼手龍類與原始的喙嘴龍類不同，特徵是尾巴短短的。此外，翼手龍類的許多種類都跟最具代表性的無齒翼龍一樣，擁有碩大的頭部與異常壯觀的頭冠。不止如此，翼手龍類的體型也很龐大，無齒翼龍張開翅膀可達七公尺，更大的風神翼龍據推測更是超過十公尺。不過，牠們龐大歸龐大，骨骼卻是中空的，身體相當輕盈，體重應該只有七十公斤左右，與成人男性相仿。

暴龍

Tyrannosaurus

暴龍是生活於六千六百萬年前的大型肉食性恐龍，顎部長滿碩大的牙齒，長度約二十五公分，大小與形狀類似香蕉。與其他肉食性恐龍相比，暴龍雖然牙齒並不特別銳利，卻擁有強而有力的下巴與接近鈍器的牙齒，能憑著一股蠻力把獵物的身體連骨頭咬碎。

如果人類跟暴龍一樣

暴龍人
Tyrannosaurus Human

暴龍人的演化

頭骨後半變寬，支撐
強壯的顎骨肌肉。

人的頭骨

人的下顎並未向前
突出，上下左右能
適度自由活動，咀
嚼各種食物。

肉食動物常見的
顎部，除了向前
突出，還能大幅
上下打開。

下顎向前突出，
長出肌肉以發揮
強大的咬合力。

完成！

超標的驚人咬合力

　　暴龍是一種肉食性恐龍，生活於六千六百萬年前的北美東部，據推測，牠們全長可達十二公尺，體重高達六噸。在眾多肉食性恐龍中，暴龍擁有出類拔萃的體格，標準肉食性恐龍異特龍的體重為一‧七噸，相較之下，暴龍的體重高達三倍多，可見牠們的體型實在高「龍」一等。

　　不過，暴龍的強項可不只是壯碩的體格，就連肉食性動物最強悍的武器——咬合力，都凌駕其他肉食性恐龍。比較暴龍與異特龍頭骨的差異，會發現暴龍頭骨後半部異常寬大，裡頭塞滿粗壯的顎骨肌肉，就是這條肌肉，令暴龍得以使出超標的驚人咬合力。**圖❶**

　　這股力量究竟有多龐大，眾說紛紜，不過根據最新研究，最大值應落在五萬七千牛頓※。相較之下，異特龍的咬合力只有八千牛頓，兩者差距懸殊。現存動物中咬合力最強的是灣鱷，約一萬六千牛頓。**圖❷** 這表示，暴龍是至今擁有最強顎部的陸域肉食動物。

※牛頓：是力的公制單位。

暴龍

異特龍

圖①

寬度窄

顎部肌肉

暴龍的頭骨
後半部變寬。

寬度大

塞滿異常粗壯的
顎部肌肉。

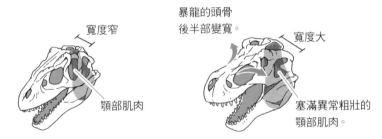

圖②

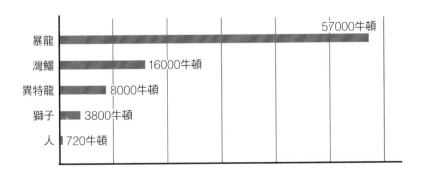

暴龍 ——— 57000牛頓

灣鱷 —— 16000牛頓

異特龍 — 8000牛頓

獅子 — 3800牛頓

人 | 720牛頓

恐爪龍

Deinonychus

恐爪龍是接近現代鳥類的恐龍之一，
生活於約一億一千萬年前，前腳應該
像鳥類翅膀一樣長滿羽毛，翅膀上有
三根長長的指頭，附帶爪子。

如果人類
跟恐爪龍一樣

恐爪龍人

Deinonychus Human

恐爪龍人的演化

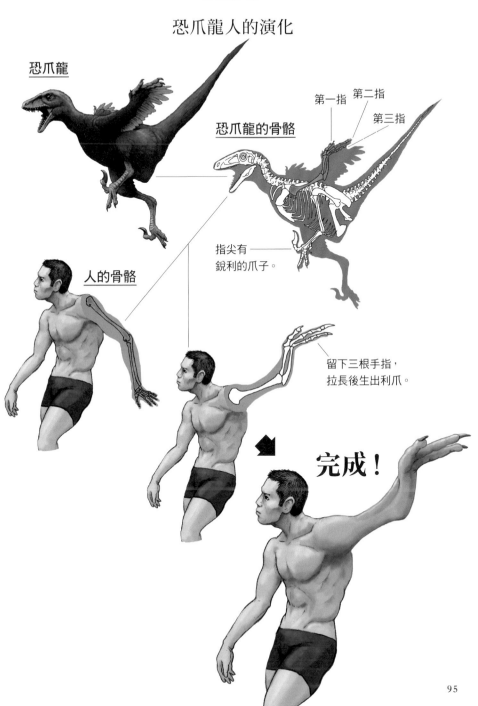

恐爪龍

恐爪龍的骨骼

第一指　第二指
　　　　　第三指

人的骨骼

指尖有
銳利的爪子。

留下三根手指，
拉長後生出利爪。

完成！

擁有鳥類特殊骨頭的獸腳類

　　鳥類相當於人類鎖骨的骨頭已和其他骨頭融合，這個融合後的V字型骨頭稱為「叉骨」，是鳥類身體的一大特徵。鳥兒為了翱翔天際，全身都變得非常輕盈，許多地方的骨頭不是中空，就是與其他骨頭融而為一，藉此減輕重量。而叉骨就是骨頭變輕、融合的例子之一。**圖❶**

　　叉骨對鳥類振翅會有什麼作用呢？鳥類必須依靠龍骨突上的肌肉來拍動翅膀，而叉骨則是讓肌肉動作最大化的一塊輔助骨。叉骨具有彈性，能像彈簧一樣震動，當鳥類振翅，將翅膀往下揮，叉骨就被扳開，等到翅膀往上提，又如彈簧般彈回原狀。**圖❷**

　　相較之下，恐爪龍、暴龍等眾多獸腳類也有义骨，卻不能飛行。尤其恐爪龍明明擁有翅膀，仍無法翱翔，那麼牠為什麼會有這塊骨頭呢？儘管這道謎題至今尚未解開，但也正是這塊骨頭，證明了恐爪龍等獸腳類是鳥類的祖先。

鳥類

恐爪龍

叉骨
左右骨頭融合成
V字型，是鳥類
特有的骨骼。

恐爪龍等獸腳類也有
鳥類特有的叉骨。

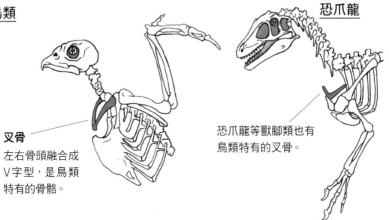

圖 2

叉骨的作用

透過胸大肌的力量
將叉骨扳開。

胸大肌

當胸大肌放鬆，叉骨就會
如彈簧般彈回。

柔軟的叉骨能發揮彈簧作用，
輔助鳥類振翅飛行。

恐龍·翼龍

無齒翼龍

Pteranodon

無齒翼龍是一種能像鳥兒和蝙蝠自由翱翔天際的爬蟲類，牠們約生活於八千萬年前，擁有巨大的翅膀，屬於「翼龍」家族的一員。這雙翅膀由前腳（手臂）演化而來，肱骨及相當於人類無名指的第四指大幅延伸，支撐住翅膀。

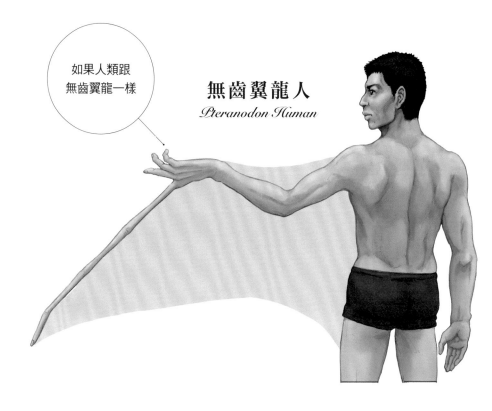

如果人類跟無齒翼龍一樣

無齒翼龍人
Pteranodon Human

無齒翼龍人的演化

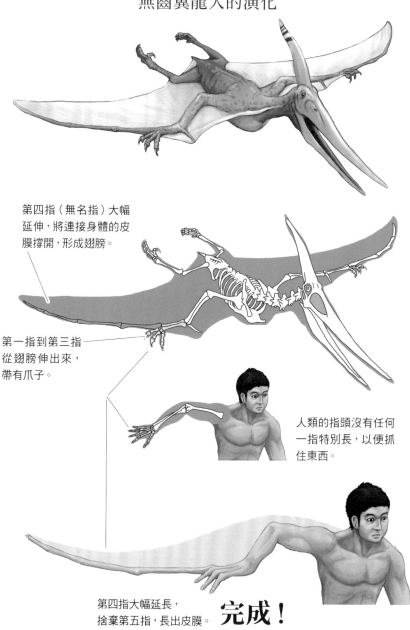

第四指（無名指）大幅
延伸，將連接身體的皮
膜撐開，形成翅膀。

第一指到第三指
從翅膀伸出來，
帶有爪子。

人類的指頭沒有任何
一指特別長，以便抓
住東西。

第四指大幅延長，
捨棄第五指，長出皮膜。

完成！

翼龍、蝙蝠、鳥類翅膀的差異

　　在生物史上，翼龍這種爬蟲類是最早能夠自由翱翔的脊椎動物。在現存生物中，能夠飛翔的脊椎動物有鳥類及哺乳類的蝙蝠，而蝙蝠在五千萬年前左右出現，鳥類於一億五千萬年前左右現身，翼龍則是在更久遠的兩億兩千萬年前就出現了。不過，只有翼龍在六千六百萬年前隨恐龍一同絕跡。

　　翼龍、鳥類、蝙蝠都擁有能翱翔天際的翅膀，但出現的時代及所屬系統皆不同，因此前肢也各自發展成了結構相異的翅膀。

　　鳥類的翅膀是前肢長滿羽毛，**圖❶** 蝙蝠的翅膀是第一指以外的指頭細長延伸，手指之間覆蓋著皮膜。**圖❷**

　　翼龍像蝙蝠一樣，指骨大幅延伸支撐翅膀，但只有相當於人類無名指的第四指發揮這項功能。其餘的第一指到第三指則如同其他爬蟲類般帶有爪子，用來攀爬懸崖或樹木。**圖❸**

　　由此可見，這些動物雖然都擁有了翅膀，但結構卻大不相同。翼龍、鳥類、蝙蝠都以自己的方式將前腳演化成翅膀，構造自然也就大相逕庭了。

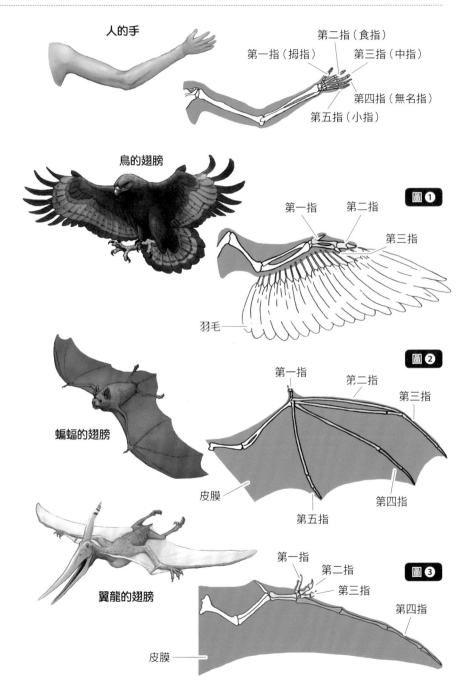

人的手

第一指（拇指）
第二指（食指）
第三指（中指）
第四指（無名指）
第五指（小指）

鳥的翅膀

圖❶
第一指
第二指
第三指
羽毛

蝙蝠的翅膀

圖❷
第一指
第二指
第三指
皮膜
第五指
第四指

翼龍的翅膀

第一指
第二指
第三指
圖❸
第四指
皮膜

中華龍鳥化石
世上最早發現有
羽毛痕跡的化石。

中華龍鳥

中華龍鳥與小盜龍

　　一九九五年，古生物學家在中國遼寧省一處一億三千萬年前的地層中，挖出了小型恐龍中華龍鳥全身的化石。接著於隔年一九九六年，發現牠身上曾有羽毛，證實了除鳥類以外，恐龍也有羽毛。而自從挖出中華龍鳥以後，身披羽毛的恐龍化石便在中國等地陸續出土，如今，「有羽毛恐龍」一詞已經眾所周知了。中華龍鳥的羽毛結構不像鳥羽這麼複雜，而是長約五公釐的纖維狀「原羽」。包含長長的尾巴在內，牠們的體長約只有一公尺，或許是因為身材嬌小容易失溫，體表才長出了羽毛來保溫。

小盜龍

擁有四片翅膀的恐龍，
後腳也覆蓋著羽毛。

　　二〇〇三年，又挖出了帶有飛羽、能夠在空中翱翔的恐龍化石——
「小盜龍」。這種恐龍最大的特徵在於飛羽，不但前腳有，後腳也有，
換言之，牠們擁有四片翅膀。

　　不過，小盜龍的翅膀並沒有振翅用的發達肌肉，應該無法像鳥兒一樣
拍動翅膀，但仍可將四片翅膀張開，增加翅膀面積來長時間滑翔。後
來，又有多種擁有四片翅膀的恐龍化石陸續出土，或許這些接近鳥類的
恐龍全都擁有四片翅膀。

始祖鳥化石（柏林標本）

前腳、後腳加上尾巴，共有五片翅膀，能夠在空中飛翔。

顎部長滿牙齒、有三根指頭、尾巴很長，這些都與現代鳥類相異。

始祖鳥

　　始祖鳥堪稱是「最原始的鳥類」，化石早在一八六一年，於德國某處一億五千萬年前的地層中出土。這份化石擁有完整的翅膀，看得到飛羽的痕跡，乍看之下與鳥類無異，卻擁有好幾樣鳥類不具備的特徵，例如顎部長滿銳利的牙齒、翅膀上有三根指頭並帶有爪子，而且尾巴很長。此外，牠的龍骨突也不發達，缺乏振翅用的肌肉，因此始祖鳥應該無法如現代鳥類般振翅飛翔。不過除了後腳以外，包含長尾在內，始祖鳥共擁有五片翅膀，因此一旦飛到空中，便能靠著五片翅膀迴旋、減速，於一定程度上自由滑翔。

Chapter.4

鳥類

Birds

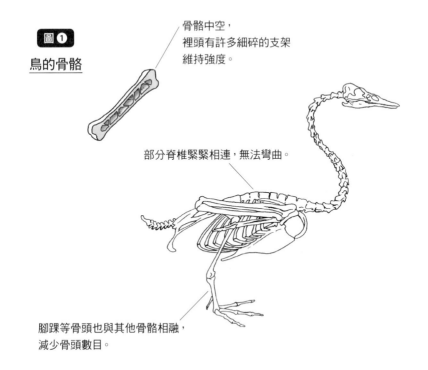

圖❶

鳥的骨骼

骨骼中空，
裡頭有許多細碎的支架
維持強度。

部分脊椎緊緊相連，無法彎曲。

腳踝等骨頭也與其他骨骼相融，
減少骨頭數目。

脫胎換骨的身體

　　鳥類約在一億五千萬年前現身，他們來自恐龍家族，全身覆滿羽毛，前腳變成了翅膀，一路繁衍至今。鳥類的身體為了翱翔而生，因此勢必得減少讓身體過重的結構以保持輕巧。而輕巧化的其中一項機制就是令骨頭中空，但中空也會導致支撐身體的骨骼強度下滑，因此鳥類中空的骨骼裡布滿許多如支架般的細骨，從內部支撐著骨骼來維持強度。此外，鳥類也透過讓骨頭互相融合，使骨骼保持強壯，這樣便能減少骨頭數量，讓身體更加輕盈。 圖❶

　　此外，不止骨骼，鳥類連內臟都是為了輕巧而生。由於牙齒沉重，

圖 ②

鳥的內臟

嗉囊
暫時儲存食物。

腺胃
分泌消化液。

肌胃（砂囊）
肌肉發達，
用來磨碎食物。

腸
長度極短，能立刻
排出吃下的食物。

所以鳥類的頸部沒有牙齒，而是以輕盈的鳥喙取代。少了牙齒的鳥兒
只能囫圇吞棗，但只要把食物送進肌肉發達的肌胃（又稱砂囊）裡，
肌胃就會發揮類似牙齒的作用，用力磨碎食物。鳥類會啄食貝殼、種
子等堅硬的東西，因此會在肌胃裡事先囤積一些沙子或小石頭來磨碎
食物、幫助消化。鳥類的腸子也很短，能夠將消化完的食物迅速排泄
掉，讓身體隨時保持輕盈。由此可見，鳥兒為了追求輕巧，不止骨
骼，連內臟都有一套獨樹一格的改變。 圖 ②

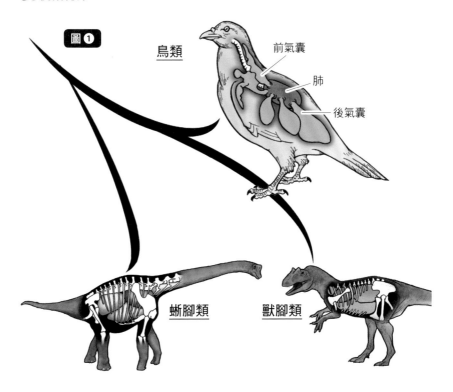

圖❶

鳥類

前氣囊

肺

後氣囊

蜥腳類

獸腳類

幫助鳥類翱翔天際的「氣囊」

　　鳥類能夠在空中翱翔，有些鳥類甚至能飛越聖母峰等山頂。即使是在氧氣稀薄的環境下，牠們仍承受得住振翅這種激烈運動，原因就在於透過「氣囊」有效率地呼吸。鳥類與恐龍屬於同一家族，是恐龍的後代，而除了鳥類，獸腳類及蜥腳類等恐龍也有氣囊。獸腳類的運動能力、蜥腳類的巨大化、蜥腳類演化成能飛翔的鳥類……這些都與透過氣囊呼吸的系統息息相關。圖❶

　　究竟這種呼吸系統是如何運作的呢？以人類為例，我們呼吸時會先吸一口氣，將新鮮空氣（氧氣）吸進肺裡，再吐一口氣把老舊空氣

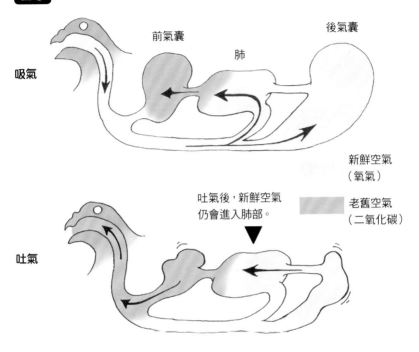

圖 ❷

前氣囊

後氣囊

肺

吸氣

吐氣

吐氣後，新鮮空氣
仍會進入肺部。

▼

新鮮空氣
（氧氣）

老舊空氣
（二氧化碳）

（二氧化碳）呼出來。因此人在吐氣時，肺部並不會吸進新鮮空氣，無法攝取氧氣。但鳥類的呼吸系統卻與我們哺乳類截然不同，牠們連吐氣時肺部都能吸進新鮮空氣、攝取氧氣。

鳥類肺部前後各連接著一個叫「氣囊」的袋子，當鳥類吸氣時，新鮮空氣便會流進肺部與後氣囊，而同一時間，肺裡的老舊空氣則會流向前氣囊。吐氣時，當前氣囊裡的老舊空氣排出體外，後氣囊的新鮮空氣就會灌入肺裡，因此不論鳥類吸氣或吐氣，肺裡都會攝入新鮮的空氣。 圖 ❷

109

圖 **❶**　秧雞一族

沖繩秧雞
一九八一年出現在沖繩，
數量極少，已瀕臨絕種。

關島秧雞
棲息於關島，因島上外來蛇的捕食，
野生關島秧雞已於一九八七年絕種。

放棄飛翔的鳥

　　隨著種類增加，鳥兒們也開始分布到各式各樣的地方。有些鳥類選擇放棄翱翔，改在陸地上生活，畢竟牠們為了演化出能飛翔的身體已經犧牲了許多，如果生活環境不太需要飛翔能力，自然就會放棄飛翔、重新演化，改在陸地上生活。

　　這些放棄飛翔並改在陸地生活的鳥類，大多棲息於「島嶼」上。島嶼有海洋阻隔，除非有外來干擾，比較不會有天敵侵擾，相當安全。尤其是棲息於沖繩的沖繩秧雞等秧雞家族，就有許多種類不會飛行，而牠們絕大多數都生活在島嶼上。不過，隨著人類將貓咪、老鼠或蛇

圖❷ 紐西蘭不會飛的鳥

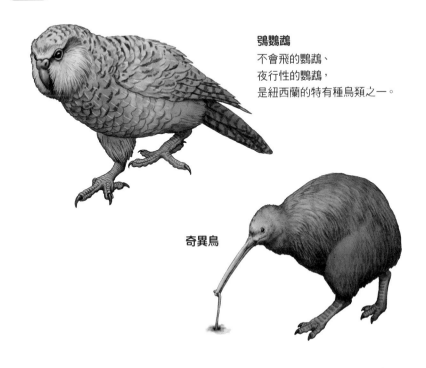

鴞鸚鵡
不會飛的鸚鵡、
夜行性的鸚鵡,
是紐西蘭的特有種鳥類之一。

奇異鳥

帶進島上,秧雞家族不是被吃光絕種,就是數目愈來愈少。**圖❶**

　　另外,紐西蘭也棲息了許多不會飛的鳥類,有許多種也都是特有種,例如紐西蘭的國鳥——奇異鳥和鴞鸚鵡。**圖❷** 紐西蘭自遠古以來便是獨立於大陸的孤島,有段時期甚至沉在海底,哺乳類根本沒有機會踏足。於是鳥類就在這塊沒有哺乳類獵食者的地方,抓準機會大量繁衍,放棄飛翔,改在陸地上生活。然而自從人類搭船來到島上,紐西蘭的鳥類便因為外來動物的影響而大幅減少了。

圖❶

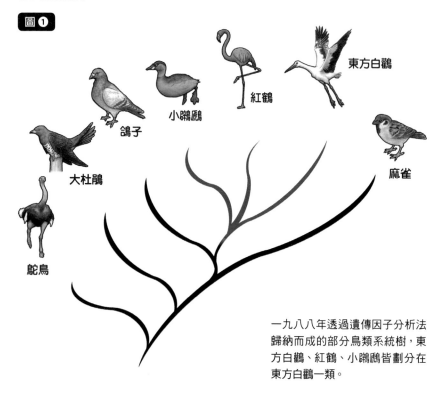

東方白鸛

紅鶴

小鷿鷈

鴿子

大杜鵑

麻雀

鴕鳥

一九八八年透過遺傳因子分析法歸納而成的部分鳥類系統樹，東方白鸛、紅鶴、小鷿鷈皆劃分在東方白鸛一類。

不斷改變的鳥類分類

現在的鳥類約有一萬種，在脊椎動物中，數目僅次於魚類，遠超過哺乳類的五千五百種。要將這一萬種鳥類按照家族血緣「分類」，是一件極其龐大的工程。過去使用的分類法，是依照顏色、體型等外觀特徵來判斷，但是不止鳥兒，所有動物都會為了適應棲息地而演化出合適的身體，因此即使是完全不同的物種，只要生活在相同的環境底下，外貌就有可能在演化過程中變得愈來愈相似。所以，只靠模樣、外觀來判斷，實在很難正確分類。

近年來，生物學家開始透過遺傳因子來研究生物分類，而這些研究

圖❷

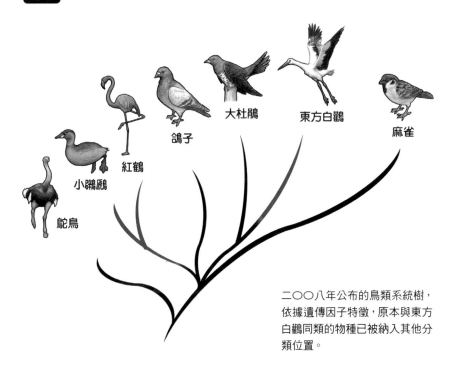

大杜鵑

東方白鸛

麻雀

鴿子

紅鶴

小鷿鷉

鴕鳥

二〇〇八年公布的鳥類系統樹，依據遺傳因子特徵，原本與東方白鸛同類的物種已被納入其他分類位置。

也使得鳥類系統樹大幅改變。

　　例如，由於紅鶴與東方白鸛體型相似，生物學家一直以為兩者是親戚，**圖❶** 但從二〇〇八年透過遺傳因子研究所歸納的鳥類系統圖來看，紅鶴與東方白鸛雖然外型相似，血緣關係卻很遠，**圖❷** 反倒與體型、生活模式都截然不同的小鷿鷉是近親，可見鳥類的演化仍有許多未解之謎。隨著往後分析技術的進展，鳥類系統樹或許又會產生更多的變化吧。

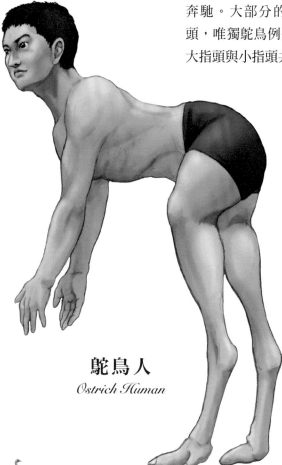

如果人類
跟鴕鳥一樣

鳥類

鴕鳥

Ostrich

鴕鳥是現存世界上最大的鳥類，體重可達一百五十公斤。為了支撐沉重的身體，牠們兩條後腿的骨骼結構簡單而堅固，能夠以時速七十公里的速度奔馳。大部分的鳥類都擁有四根指頭，唯獨鴕鳥例外，只有朝著前方的大指頭與小指頭共兩指而已。

鴕鳥人
Ostrich Human

鴕鳥人的演化

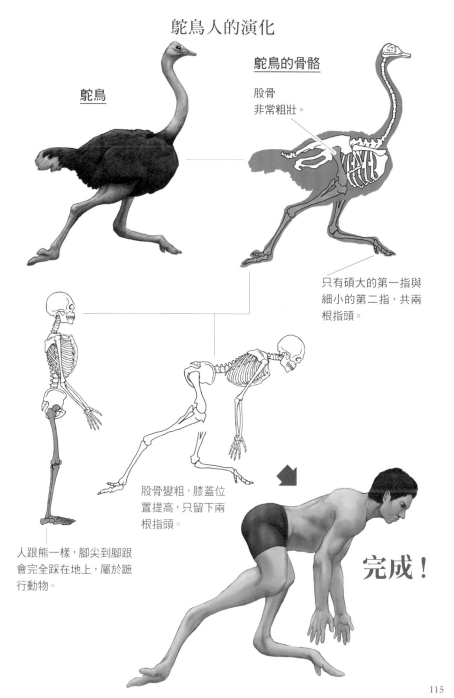

鴕鳥

鴕鳥的骨骼

股骨
非常粗壯。

只有碩大的第一指與
細小的第二指，共兩
根指頭。

股骨變粗，膝蓋位
置提高，只留下兩
根指頭。

人跟熊一樣，腳尖到腳跟
會完全踩在地上，屬於蹠
行動物。

完成！

115

胸前平坦的不飛鳥

　　許多鳥兒喪失了飛行能力，取而代之的是變成田徑高手或游泳健將。能以時速七十公里奔馳的鴕鳥，正是這些鳥兒的代表之一。

　　鴕鳥的骨骼有一點與其他鳥類大不相同。鳥的胸膛有一塊發達突出的「龍骨突」，用來支撐奮力振翅的胸肌。而鴕鳥的龍骨突消失了，因此不具備飛翔的能力。**圖❶** 而擁有這種特徵的鳥稱為「平胸類」，除了鴕鳥以外，像鶴鴕、鴯鶓、鷸鴕也都是陸棲型的平胸類，無法展翅高飛。

　　鴕鳥棲息於非洲大陸，鶴鴕、鴯鶓生活於澳洲大陸，鷸鴕則住在南美大陸。牠們彼此之間隔著海洋，棲息在不同大陸上，但生活範圍實際上都縮限於南半球的大陸。這是因為南半球的大陸在遠古時代是一塊陸域相連的超大陸，而鴕鳥、鶴鴕、鴯鶓等平胸類共同的祖先，應該就曾經住在這塊超大陸——岡瓦納大陸上。後來，岡瓦納大陸分裂，鴕鳥、鶴鴕等平胸類便在不同的大陸上各自演化了。**圖❷**

圖 ❶

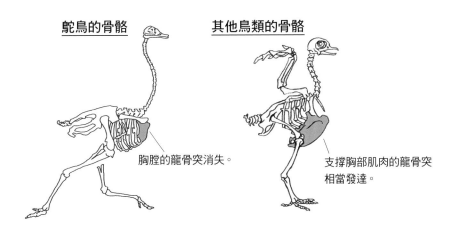

鴕鳥的骨骼　　　　其他鳥類的骨骼

胸腔的龍骨突消失。

支撐胸部肌肉的龍骨突相當發達。

圖 ❷

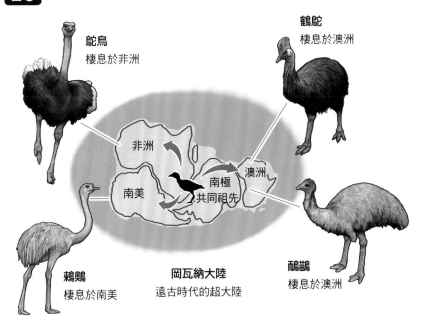

鴕鳥
棲息於非洲

鶴鴕
棲息於澳洲

非洲

南美

南極
共同祖先

澳洲

鶆䴈
棲息於南美

鴯鶓
棲息於澳洲

岡瓦納大陸
遠古時代的超大陸

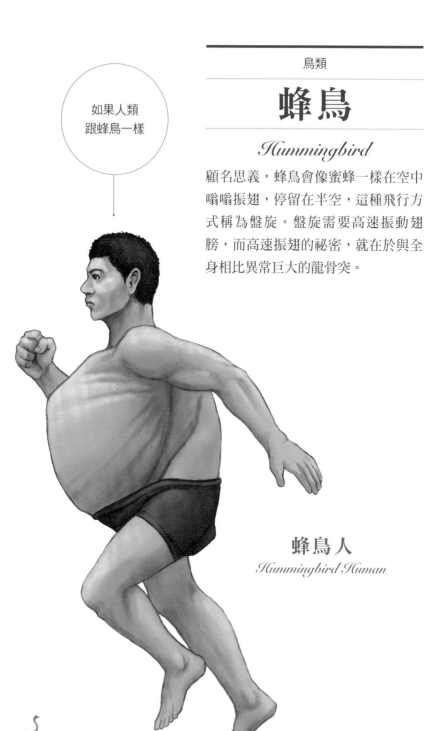

如果人類
跟蜂鳥一樣

蜂鳥

Hummingbird

顧名思義，蜂鳥會像蜜蜂一樣在空中
嗡嗡振翅，停留在半空，這種飛行方
式稱為盤旋。盤旋需要高速振動翅
膀，而高速振翅的祕密，就在於與全
身相比異常巨大的龍骨突。

蜂鳥人
Hummingbird Human

蜂鳥人的演化

蜂鳥

蜂鳥的骨骼

胸大肌非常強壯，
以便高速振翅，支
撐胸大肌的龍骨突
也很發達。

腳丫非常小，雖然
能停在樹枝上，
卻不能行走。

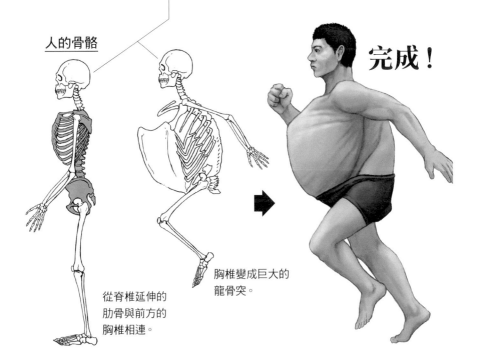

人的骨骼

完成！

胸椎變成巨大的
龍骨突。

從脊椎延伸的
肋骨與前方的
胸椎相連。

小小身體裡的壯碩肌肉與骨骼

　　蜂鳥是一種非常迷你的鳥，體型最小的種類為棲息於古巴的吸蜜蜂鳥，體長約五至六公分，體重不達兩公克。

　　牠們會高速拍動翅膀，讓小小的身體盤旋在空中（停在半空）。而幫助蜂鳥高速振翅的則是胸大肌。人類的胸大肌占全身的百分之五，需要振翅的普通鳥類約占百分之二十五，而小小的蜂鳥竟然占了百分之四十以上。蜂鳥的身體必須支撐大得誇張的肌肉，因此需要極為壯碩的龍骨突。**圖❶**

　　而蜂鳥之所以將細長的喙伸進花裡吸食花蜜，跟高速振翅需要大量能量有關。**圖❷** 蜂鳥連不盤旋的時候都會消耗巨大能量，對這樣的身體而言，萬一缺乏食物就小命不保了，所以蜂鳥特別喜愛吸食花蜜，因為花兒不跑也不躲，一定吃得到。此外，消化花蜜與消化昆蟲不同，不會耗費太多能量，而且就算花旁沒有樹枝能駐足，蜂鳥一樣能吸食，等於少了競爭對手。這些應該都是蜂鳥愛吃花蜜的原因。

圖 ➊

蜂鳥的骨骼

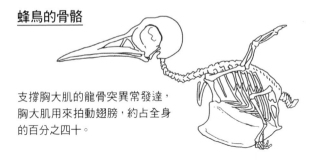

支撐胸大肌的龍骨突異常發達，
胸大肌用來拍動翅膀，約占全身
的百分之四十。

圖 ➋

蜂鳥能盤懸在空中（停在半空）
吸食花蜜，不必停在樹枝上。

世界上最小的鳥 —— 吸蜜蜂
鳥，體長只有五公分，體重不
到兩公克。

鳥類

天鵝

Swan

天鵝的脖子又細又長，時常彎成S型。
這條脖子之所以能這麼柔軟地彎曲，是
因為頸椎（脖子的骨頭）特別多，連帶
著關節也很多，所以才能像長頸妖怪轆
轤首一樣，將脖子扭來扭去。

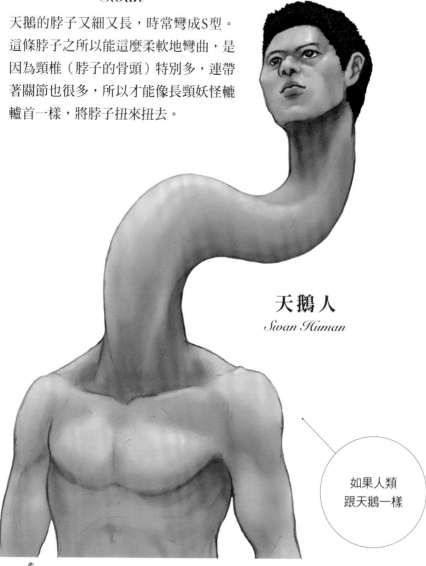

天鵝人
Swan Human

如果人類
跟天鵝一樣

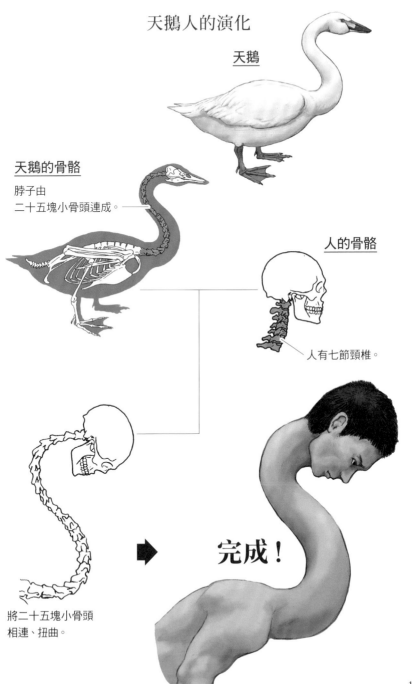

天鵝人的演化

天鵝

天鵝的骨骼

脖子由
二十五塊小骨頭連成。

人的骨骼

人有七節頸椎。

將二十五塊小骨頭
相連、扭曲。

➡ **完成！**

靈活彎曲的長脖子

　　鳥類頸椎（脖子骨頭）的數目依種類而不同，約落在十一到二十五節。天鵝的頸椎共有二十五節，是頸椎數目最多的鳥類。**圖❶** 撇除例外，所有的哺乳類都只有七節頸椎，就連大家最熟悉的長脖子動物——長頸鹿也只有七節頸椎，只是每一節都拉長了，**圖❷** 因此長頸鹿無法像天鵝一樣靈活地扭動脖子。

　　為什麼鳥類會擁有這麼多頸椎，脖子又如此柔軟呢？翱翔天際的鳥兒都會盡力減輕身體的重量，其中一個方法就是讓骨頭中空。為了避免骨骼變輕後太脆弱，牠們會增加骨頭與骨頭的連接點，或者讓骨骼互相融合，這也導致鳥類身體的骨骼欠缺柔軟度，軀幹不能自由扭動。或許就是為了彌補缺乏柔軟度的身體，鳥類的頸椎才會增加，形成柔軟靈活的脖子。

　　天鵝大多浮在水面上，捕食時只將上半身潛入水裡，用喙抓水生昆蟲或甲殼類來吃，此時，能夠靈活扭動的長脖子就會派上用場。**圖❸** 像這樣靈活運用脖子與喙，就能發揮跟人類雙手一樣的功用。

圖 ❶

鳥類頸椎的數目有十一至二十五節。

圖 ❷

哺乳類的頸椎數目有七節。

天鵝能靈活扭動柔軟的
長脖子，在水中獵食。

圖 ❸

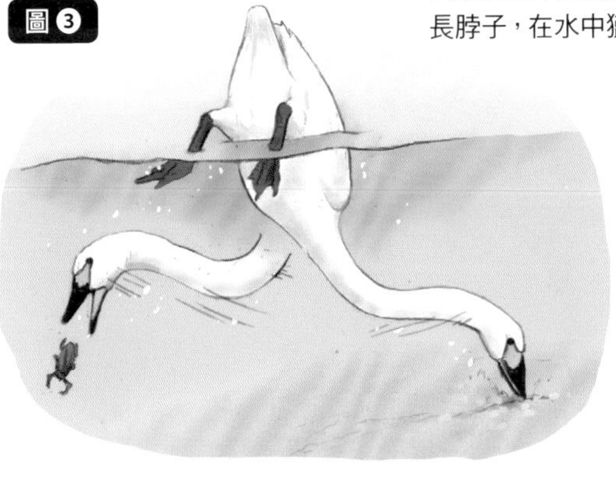

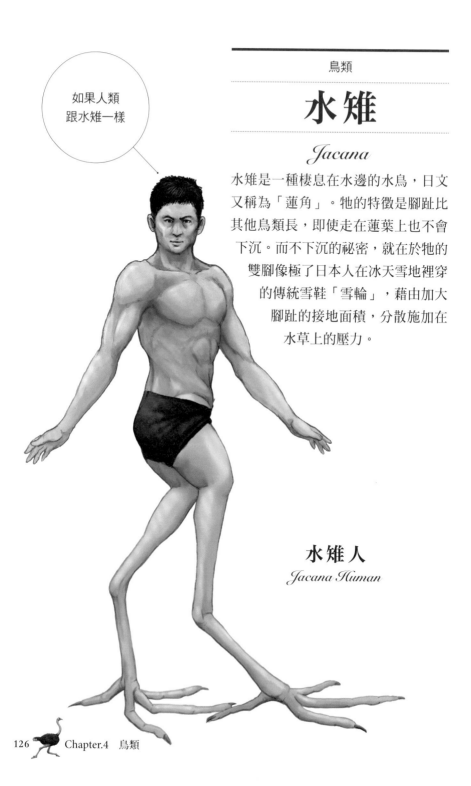

如果人類
跟水雉一樣

水雉

Jacana

水雉是一種棲息在水邊的水鳥，日文
又稱為「蓮角」。牠的特徵是腳趾比
其他鳥類長，即使走在蓮葉上也不會
下沉。而不下沉的祕密，就在於牠的
雙腳像極了日本人在冰天雪地裡穿
的傳統雪鞋「雪輪」，藉由加大
腳趾的接地面積，分散施加在
水草上的壓力。

水雉人

Jacana Human

水雉人的演化

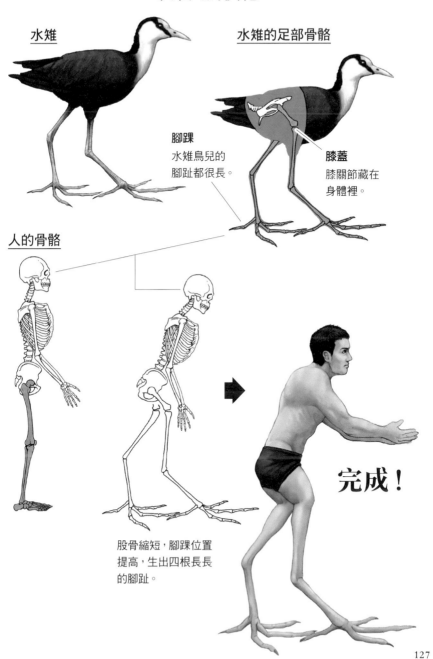

水雉

水雉的足部骨骼

腳踝
水雉鳥兒的
腳趾都很長。

膝蓋
膝關節藏在
身體裡。

人的骨骼

股骨縮短，腳踝位置
提高，生出四根長長
的腳趾。

完成！

雪鞋般的腳丫子

　　水雉是一種能在水草上行走的鳥，原因就在於牠的腳趾非常長。如果水雉的腳趾很短，全身的體重就會集中在小範圍內，導致水草承受不住而往下沉，但水雉的腳趾很長，能夠分散施加在水草上的壓力。這種結構跟日本人在冰天雪地裡穿的「雪輪」一樣，雪輪是用樹枝編成的輪盤狀雪鞋，套在鞋子上就能分散施加在雪地的壓力。**圖❶**

　　不止水雉，鳥類足部的骨骼與哺乳類的腳相比，結構也很簡單。**圖❷** 人的腳趾由連接踝骨的五根蹠骨構成，而鳥類的蹠骨已融而為一，不止腳趾數目減少，骨頭本身也變少，追求的是結構簡單、輕巧及堅固。

　　鳥類的腳趾形狀依種類而異，不同的棲息環境會造就出不同的趾型。像水雉這種三根指頭向前，一根指頭向後的稱為「離趾足」；為抓住樹枝而特化的稱為「對趾型」；所有腳趾都朝前，以便彎曲的爪子攀爬岩石的則稱為「前趾足」。 **圖❸**

非洲水雉

腳趾很長，能像雪輪一樣分散體重造成的壓力，
藉此在水面的蓮葉或菱葉上走動。

圖 2

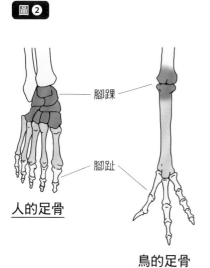

腳踝

腳趾

人的足骨

鳥的足骨

鳥類的足骨彼此融合，結構簡單。
雖然關節很少，可動範圍有限，
卻輕巧又堅固。

圖 3 鳥類的各種腳趾

「離趾足」
鳥類的基本足
型，大多數鳥兒
都是這種腳，例
如水雉。

「對趾足」
鳥類的腳趾兩趾
向前兩趾向後排
列。例如鸚鵡、
啄木鳥等等。

「前趾足」
所有的腳趾都朝
前，例如白腰雨
燕等等。

鳥類

啄木鳥

Woodpecker

顧名思義，啄木鳥是一種會將細長的喙刺進樹幹裡鑽洞的鳥類。鑽洞時，牠們會擺出啄木鳥特有的姿勢，用「腳趾」攀住樹幹，讓身體垂直地停在樹幹上。啄木鳥的尾羽中央還有兩片堅硬的羽毛，能夠抵住樹幹，支撐身體。

啄木鳥人
Woodpecker Human

如果人類
跟啄木鳥一樣

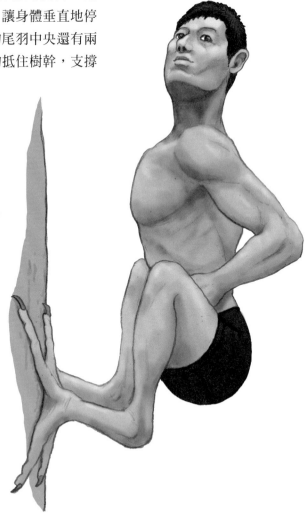

啄木鳥人的演化

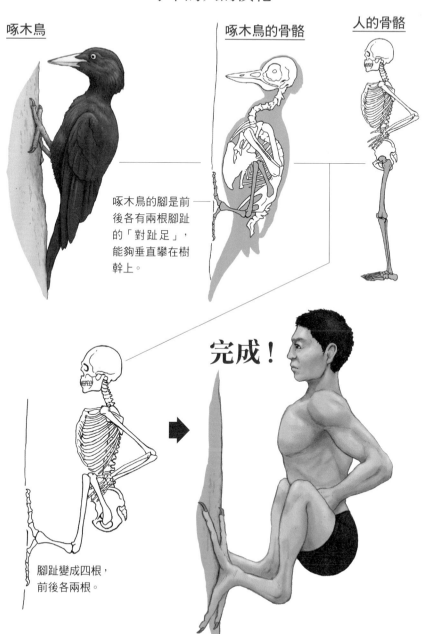

啄木鳥

啄木鳥的骨骼

人的骨骼

啄木鳥的腳是前後各有兩根腳趾的「對趾足」，能夠垂直攀在樹幹上。

完成！

腳趾變成四根，前後各兩根。

保護頭部避免衝擊的構造

大家都知道啄木鳥會垂直停在樹幹上，把喙刺進樹裡。但實際上，並沒有任何一種鳥的名字是「啄木鳥」，所謂啄木鳥，其實是具有鑽樹洞習性的啄木鳥科鳥類的總稱，約有兩百三十種，包括小星頭啄木鳥、綠啄木、大斑啄木鳥等等。

啄木鳥科的鳥之所以鑽木，是為了吃樹皮裡的昆蟲。除了腳以外，牠們還有堅硬的尾羽抵住樹幹，能在鑽木時維持身體穩定。啄木鳥在鑽木時，會以一秒二十下的速度把喙刺進樹裡，造成的衝擊高達時速二十五公里，幾乎能把牆壁撞裂。**圖❶** 以這樣的高速啄樹幹，對啄木鳥腦部的傷害必定很可觀，所以啄木鳥的頭為了保護腦部避免衝擊，演化出了許多獨特的構造。

首先，鳥喙的根部有一條發達的肌肉，這條肌肉與頭骨的一部分呈海綿狀，能夠吸收鑽木時的衝擊。此外，舌骨的形狀也很特殊，如一條繩子捆住整顆頭骨，這條舌骨具有彈簧的功能，能夠減輕對腦部的傷害。**圖❷** 為了不讓眼珠因為衝擊而彈出去，啄木鳥的眼睛上下除了普通眼瞼以外，還有第三個眼瞼在鳥喙啄中樹幹前及時閉上，牢牢著固定眼珠。

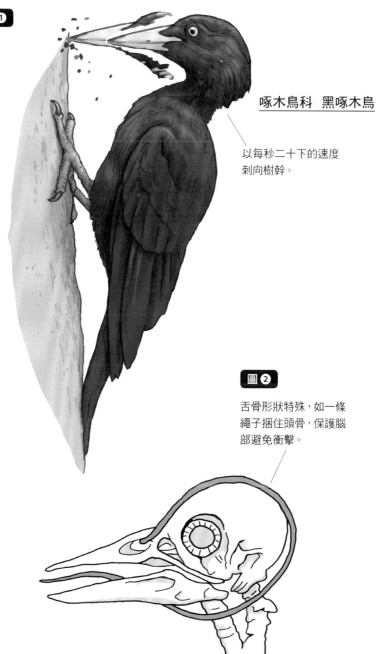

圖❶

啄木鳥科　黑啄木鳥

以每秒二十下的速度
刺向樹幹。

圖❷

舌骨形狀特殊，如一條
繩子捆住頭骨，保護腦
部避免衝擊。

圖❶

單弓類・盤龍類
異齒龍

異齒性
擁有兩種牙齒，一種
用來穿刺，一種
用來撕肉。

含哺乳類在內的單弓類，
眼窩後方都有一個
叫顳顬孔的洞。

從盤龍類到獸弓類

　　接下來，我們要把視角拉回兩生類到哺乳類。從兩生類演化而來的動物為了在陸地產下後代，演變出了用羊膜包覆胎兒，讓胎兒在羊水中長大的系統。（請見P.60）這種有羊膜類除了爬蟲類以外，還包含了「單弓類」在內，而哺乳類就是從單弓類演變而來的。根據目前所知的資料，最古老的單弓類是生活在距今約三億年前的「始祖單弓獸」，這是一種類似蜥蜴的動物，屬於單弓類最早的類群「盤龍類」。盤龍類的代表性物種為「異齒龍」，圖❶ 牠們背上雖然有著巨大的帆，名字卻是取自「兩種不同牙齒」這項沒那麼明顯的特徵。和人類一樣，異齒龍擁有

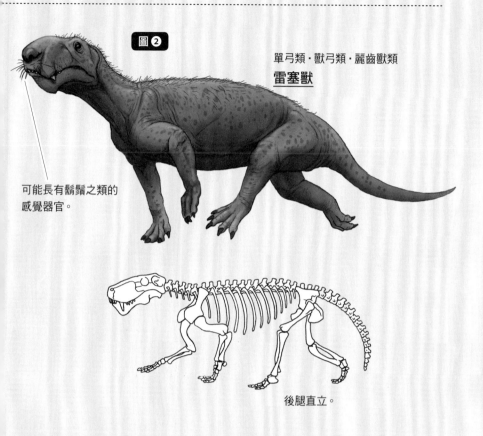

圖 **2**

單弓類・獸弓類・麗齒獸類
雷塞獸

可能長有鬍鬚之類的
感覺器官。

後腿直立。

用途不同、形狀相異牙齒，例如切斷食物的門牙、磨碎食物的臼齒。而
這種「異齒性」全是哺乳類的一大特色，擁有異齒，等於踏出了邁向哺
乳類的第一步。

　　獸弓類比盤龍類更接近哺乳類。獸弓類的麗齒獸類長有「體毛」，有
些種類的上顎骨表面還有許多小孔，代表可能和貓、狗一樣長有鬍鬚這
類感覺器官。此外，麗齒獸在當時是君臨生態系的強大肉食動物，不但
擁有劍齒虎般的長犬齒，後腿也從身體垂直延伸，跟現在的哺乳類一樣
採「直立步行」，外表就像一頭肉食野獸。**圖 2**

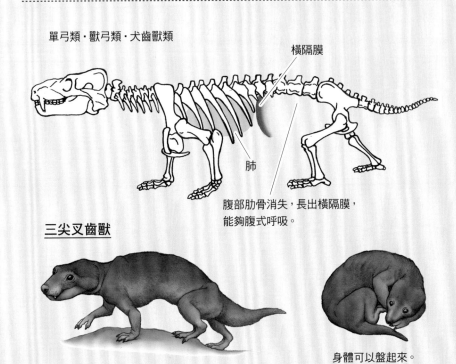

單弓類・獸弓類・犬齒獸類

橫隔膜

肺

腹部肋骨消失，長出橫隔膜，
能夠腹式呼吸。

三尖叉齒獸

身體可以盤起來。

犬齒獸類

「犬齒獸類」是獸弓類裡最接近哺乳類的動物類型，哺乳類就是從這一類演化而來的。犬齒類的「三尖叉齒獸」腹部的肋骨消失了，腹部與胸部之間長了一層和現代哺乳類一樣的「橫隔膜」。橫隔膜是由肌肉構成的膜，負責將胸部與腹部分開，只有哺乳類才有。透過橫隔膜，哺乳類就能腹式呼吸，將大量的氧氣吸入肺裡，提高呼吸效率。在三尖叉齒獸棲息的三疊紀（約兩億五千萬到兩億年前）氧氣相對稀少，橫隔膜應該就是為了適應那樣的環境而演化出來的。

Chapter.5

哺乳類

Mammalian

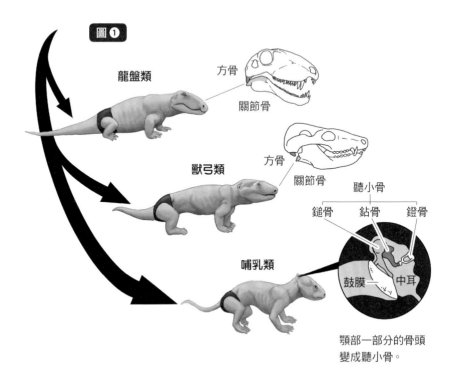

圖❶

龍盤類

方骨

關節骨

獸弓類

方骨

關節骨

聽小骨

鎚骨　鉆骨　鐙骨

鼓膜

中耳

哺乳類

顎部一部分的骨頭
變成聽小骨。

哺乳類的特徵

　　哺乳類究竟是什麼動物呢？從字面來看，哺乳類就是「用母乳哺育幼兒的動物」。或許有些犬齒獸類動物也會餵幼兒母乳，不過目前的化石研究，實在很難證實是否有哺乳行為。

　　想要查證化石是否為哺乳類，只要看耳朵內的「聽小骨」結構就能明瞭。聽小骨是一種很迷你的骨頭，負責將聲音從鼓膜傳到頭蓋骨內部。哺乳類的聽小骨由「鎚骨」、「鉆骨」、「鐙骨」這三塊小骨頭組成，但在哺乳類祖先原始單弓類成獸弓類動物身上，這三塊小骨頭之中的鉆骨與鐙骨並非聽小骨，而是構成顎部關節的「方骨」與「關

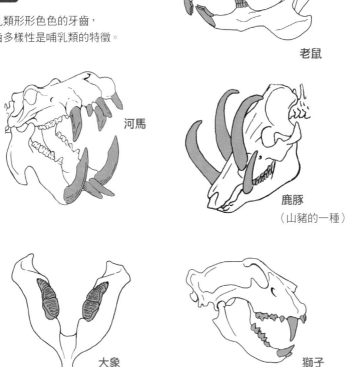

哺乳類形形色色的牙齒，
牙齒多樣性是哺乳類的特徵。

老鼠

河馬

鹿豚
（山豬的一種）

大象

獅子

節骨」。圖❶

　　此外，哺乳類還有另一項明顯的特徵與其他脊椎動物都不同，那就是牙齒形狀複雜且多樣。我們人類的牙齒有門牙、犬齒、臼齒，形狀各不相同，而其他哺乳類也擁有和人類牙齒相異的獨特牙齒，甚至光看牙齒就能辨別物種，像是老鼠的牙齒或大象的牙齒等等。因為每一種哺乳類都會依照食性而演化出不同形狀的牙齒，讓咀嚼效率達到最高。圖❷

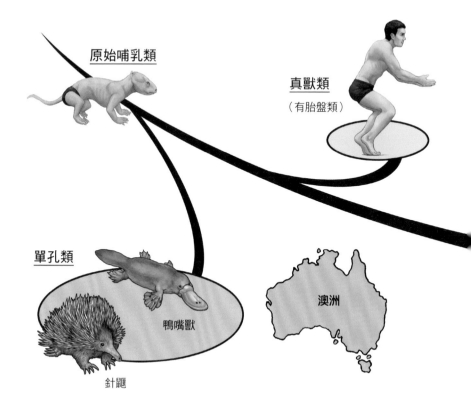

原始哺乳類

真獸類

（有胎盤類）

單孔類

鴨嘴獸

澳洲

針鼴

單孔類與有袋類

「單孔類」從哺乳類系統樹的源頭衍生而來，並一直以原始的模樣
繁衍至今。現在，單孔類只剩下棲息於澳洲和新幾內亞的一種鴨嘴獸
和四種針鼴，總共五種而已。哺乳類一般都是靠胎生產下幼兒，但鴨
嘴獸與針鼴卻是靠卵生下蛋。從蛋裡孵化的幼兒也不像其他哺乳類一
樣會吸食母親的乳頭來攝取母乳，而是舔舐母親腹部滲出的奶水來成
長，這種特殊的哺乳模式以及不夠發達的乳腺都不像哺乳類，而是偏
向原始動物。

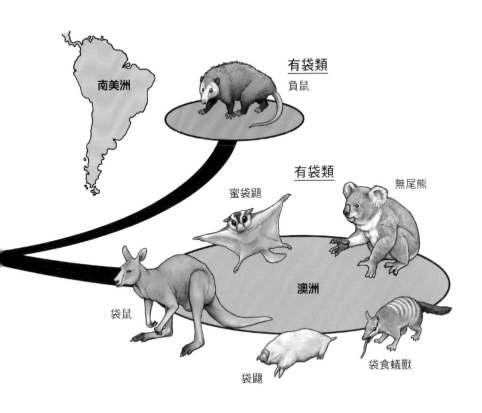

在單孔類棲息的澳洲，還有另一種大陸特有的哺乳類——無尾熊與袋鼠，這種哺乳類稱為「有袋類」，在南美洲也有牠們的蹤影。有袋類會將發育不完全的胎兒生下，讓胎兒待在母親腹部的育兒袋裡，然後供給母乳、保護牠們，直到胎兒長大到一定的程度。

有袋類分為兩大系統，其一是源於南美洲的「負鼠目」，其二是源於澳洲的「雙門齒目」。雙門齒目在有袋類中物種最豐富，我們熟悉的無尾熊、袋鼠、塔斯馬尼亞袋熊等都屬於雙門齒目。

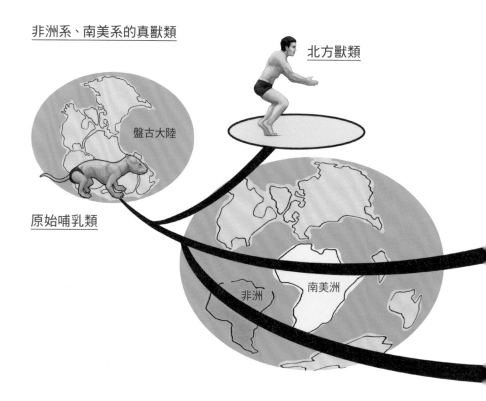

非洲系、南美系的真獸類

北方獸類

盤古大陸

原始哺乳類

非洲　南美洲

非洲系、南美系的真獸類

　　哺乳類分為三大類，分別是單孔類、有袋類，以及包含我們人類在內的「真獸類」。單孔類會產卵，有袋類會生下發育不完全的胎兒並用育兒袋哺育，真獸類（有胎盤哺乳類）則是透過胎盤由母體供給胎兒營養，等長大到一定的階段才產下胎兒。而真獸類中最早分化出來的是「非洲獸類」與「異關節類」。

　　非洲獸類包含了源於非洲大陸，後來散布到世界各地的象類；適應水中生活，將棲息地擴展到淡水域及淺海的儒艮與海牛；以及現在仍是非洲大陸特有種的土豚、蹄兔等等。

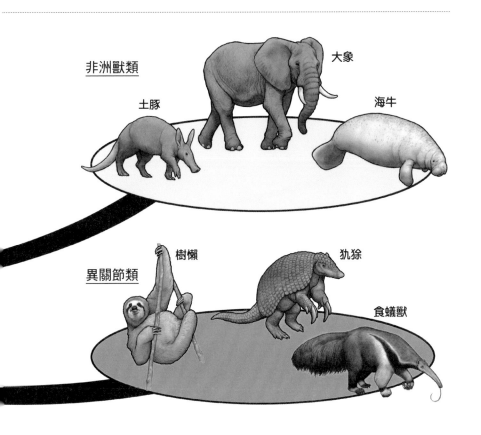

非洲獸類

土豚

大象

海牛

異關節類

樹懶

犰狳

食蟻獸

　　異關節類則是在南美洲大陸演化的真獸類，包含樹懶、犰狳、食蟻獸。牠們的腰椎（腰部的脊椎）多出了其他哺乳類沒有的關節，因此腰部脊椎特別強壯，而這也是「異關節類」名稱的由來。

　　之所以會出現大陸特有的哺乳類，其實是有原因的。哺乳類現身時，所有的大陸都還連在一起，陸域彼此相通。後來因為大陸漂移、分裂，非洲大陸與南美洲大陸被海洋隔開，有段時間還變成了孤島大陸，於是哺乳類便以這些大陸為舞台各自演化了。

北方系的真獸類

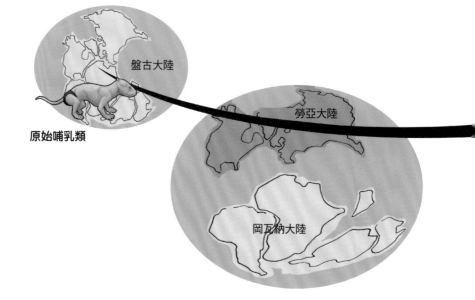

盤古大陸

勞亞大陸

原始哺乳類

岡瓦納大陸

北方真獸類

　　真獸類除了非洲獸類與異關節類以外，還有「勞亞獸類」及其姊妹系統「超靈長類」，這兩者合稱「北方真獸類」。

　　哺乳類出現時，所有的大陸都還連成一塊。後來，這塊超大陸分裂成南北兩半，含亞洲、歐洲、北美洲在內的北方大陸稱為勞亞大陸，在這塊大陸上演化的真獸類就叫勞亞獸類。勞亞獸類在真獸類之中，種類最多樣化，包含在地底挖洞的鼴鼠、在空中飛翔的蝙蝠、馬和犀牛等奇蹄目，以及牛等偶蹄目草食性動物。近年來，生物學家透過

兔子

人類

老鼠

超靈長類

猴子

蝙蝠

鯨魚

鼴鼠

穿山甲

貓熊

犀牛

勞亞獸類

DNA分析（即遺傳因子分析），發現偶蹄類與鯨魚血緣關係相近，因此又新劃分出了含牛類與鯨魚類在內的「鯨偶蹄目」。

　勞亞獸類的姊妹群「超靈長類」，則包括了含我們人類在內的猿猴等靈長類、老鼠及松鼠等嚙齒類、兔類等等。靈長類包括原始的狐猴、眼鏡猴等原猴類，南美大陸的「新世界猴類」，以及分布在非洲及亞洲的「舊世界猴類」。舊世界猴中智能最發達的類群，就是含我們人類在內的大猩猩、黑猩猩等類人猿。

哺乳類

鴨嘴獸

Platypus

鴨嘴獸屬於哺乳類卻會產卵，是一種
非常不可思議的動物。牠們在河邊挖
土、築巢生活，而挖土和游泳時前腳
的形狀會改變。鴨嘴獸的指頭連接著
皮膚，在水中會形成蹼，挖土時
蹼則會收起，露出尖銳的爪子。

如果人類
跟鴨嘴獸一樣

鴨嘴獸人
Platypus Human

鴨嘴獸人的演化

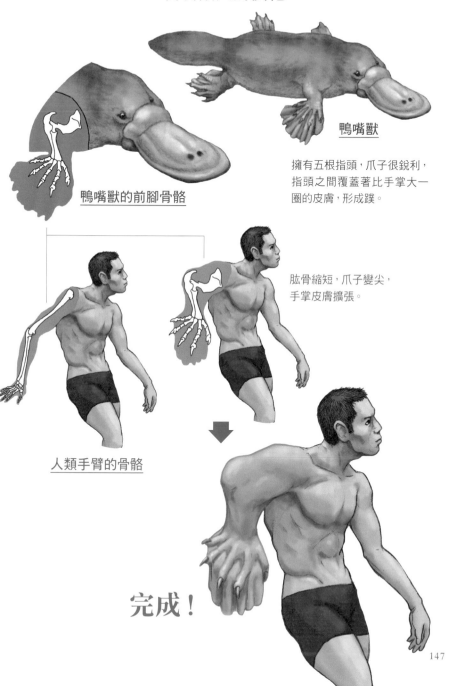

鴨嘴獸

擁有五根指頭，爪子很銳利，
指頭之間覆蓋著比手掌大一
圈的皮膚，形成蹼。

鴨嘴獸的前腳骨骼

肱骨縮短，爪子變尖，
手掌皮膚擴張。

人類手臂的骨骼

完成！

與眾不同的哺乳類

　　鴨嘴獸是最原始的哺乳類，具有許多其他哺乳類沒有的特徵。

　　牠們與其他哺乳類最大的差別在於產卵，母親也會在巢中孵卵。此外，鴨嘴獸的哺乳方式也很特別，牠們沒有乳房與乳頭，因此孵出的幼體會舔舐母親腹部像汗一樣分泌出來的乳汁。這種母乳營養成分非常豐富，只要舔上一百天，幼體就能長大到約二十一公分。

　　鴨嘴獸會尋找河底的昆蟲或甲殼類當食物，此時前後腳上的蹼就能派上用場。但在挖洞築巢時，蹼看起來又很礙事，其實，鴨嘴獸能將前腳的蹼從爪子上收起來，所以挖洞時並不會被蹼擋住。換言之，牠們的前腳能根據游泳或挖土等不同用途來改變型態。

　　如此與眾不同的鴨嘴獸等單孔類，還擁有另一個其他哺乳類缺乏的骨頭，那就是位於鎖骨與胸骨之間的「間鎖骨」。這塊骨頭爬蟲類也有，因此鴨嘴獸是連骨骼都帶有爬蟲類特徵的哺乳類。原本哺乳類也有間鎖骨，但有袋類及我們真獸類在演化過程中失去了這塊骨頭，而鴨嘴獸等單孔類則將這塊骨頭保留至今。

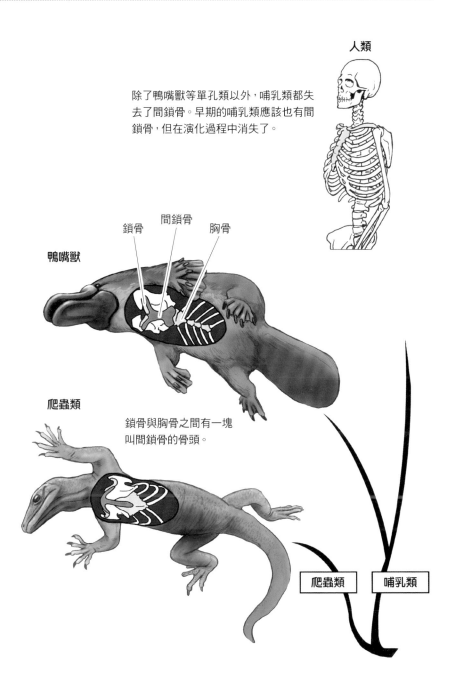

人類

除了鴨嘴獸等單孔類以外，哺乳類都失去了間鎖骨。早期的哺乳類應該也有間鎖骨，但在演化過程中消失了。

鎖骨　　間鎖骨　　胸骨

鴨嘴獸

爬蟲類

鎖骨與胸骨之間有一塊叫間鎖骨的骨頭。

爬蟲類　　哺乳類

老鼠

Mouse

說到老鼠，第一個想到的就是牠們露在外面的前齒（門牙）。老鼠的門牙凸凸的，長在頭部最前方，看起就像齙牙一樣。牠們的門牙終其一生都會不斷成長，必須透過囓咬東西來削減門牙。這就是為什麼鼠類會叫做囓齒類的原因。

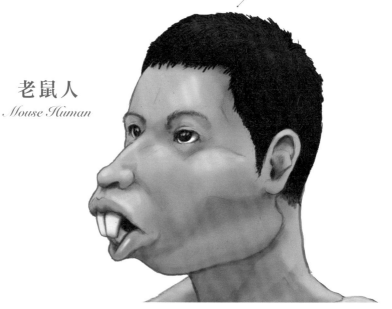

如果人類跟老鼠一樣

老鼠人
Mouse Human

老鼠人的演化

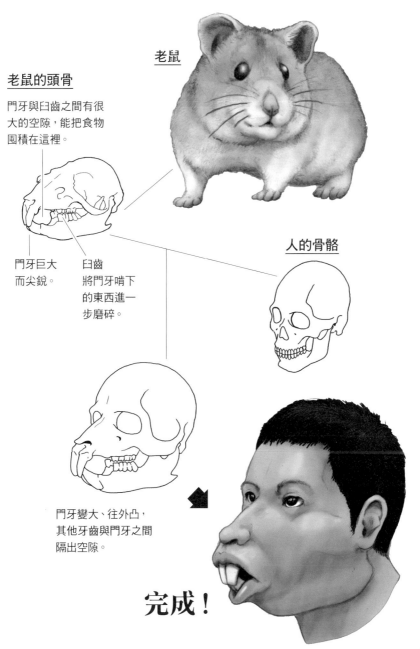

老鼠

老鼠的頭骨

門牙與臼齒之間有很
大的空隙,能把食物
囤積在這裡。

門牙巨大
而尖銳。

臼齒
將門牙啃下
的東西進一
步磨碎。

人的骨骼

門牙變大、往外凸,
其他牙齒與門牙之間
隔出空隙。

完成!

隨時保持尖銳的牙齒

　　老鼠等齧齒類約佔所有哺乳類的百分之四十，種類數目龐大，各個環境都能看見牠們的蹤影。齧齒類的生活環境形形色色，有的在樹上棲息，有的在地底挖洞，有的待在水邊。牠們的體型也各不相同，有的如水豚般巨大，有的則如小家鼠般迷你。**圖❶**

　　齧齒類共同的特徵是牙齒與頭蓋骨，擁有一對巨大凸出且不停生長的門牙。門牙的外側是堅硬的琺瑯質，內側相對柔軟，這種結構能讓門牙從內側開始削減，隨時保持尖銳。

　　此外，牠們還有臼齒能磨碎門牙啃下的食物，且臼齒與門牙之間保有空隙。大家應該都見過松鼠和倉鼠把食物滿滿塞在嘴裡的模樣，牠們會把食物囤積在腮幫子內慢慢咀嚼，避免將樹果殼、樹皮等容易造成消化不良的東西吞下肚。**圖❷**

　　齧齒類的頭蓋骨大多比身體大許多，因為牠們必須靠健壯的顎部啃食堅硬的果實，此外還得擁有壯碩的顎部肌肉，才能強而有力地驅動健壯的顎部。

圖❶

適應力極高的囓齒類

會滑翔的樹棲性
鼯鼠

挖洞生活的
土撥鼠

在樹上及
陸地生活的
花栗鼠

半水生的
河狸

都市隨處可見的
黑鼠

圖❷

囓齒類（水豚）的頭部

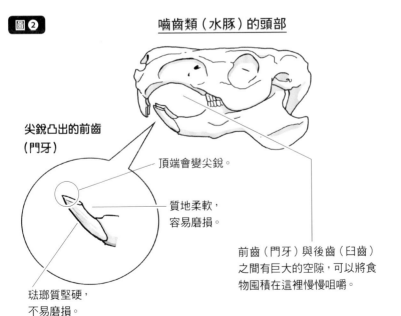

尖銳凸出的前齒
（門牙）

頂端會變尖銳。

質地柔軟，
容易磨損。

前齒（門牙）與後齒（臼齒）
之間有巨大的空隙，可以將食
物囤積在這裡慢慢咀嚼。

琺瑯質堅硬，
不易磨損。

袋鼠

Kangaroo

一提起袋鼠,就會聯想到牠們蹦蹦跳的模樣。袋鼠之所以能那樣跳,都要歸功於牠們的後腳。跳躍時,袋鼠會用相當於人類腳尖的部位抵住地面,再用發達的肌肉與具有收縮性的肌腱彈跳出去。走路時則會伸出尾巴,靠「五條腿」來移動。

如果人類
跟袋鼠一樣

袋鼠人
Kangaroo Human

袋鼠人的演化

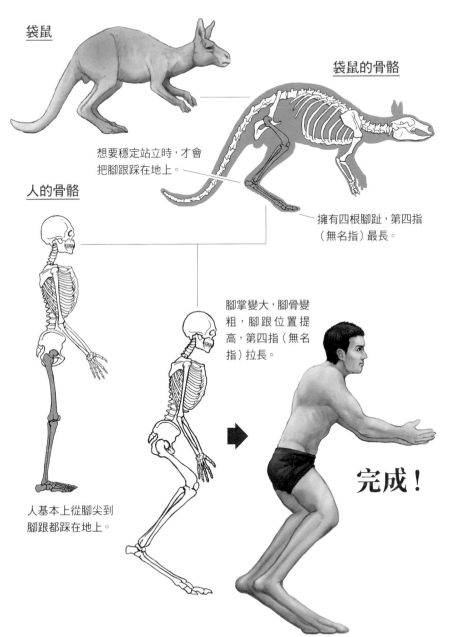

袋鼠

袋鼠的骨骼

人的骨骼

想要穩定站立時，才會
把腳跟踩在地上。

擁有四根腳趾，第四指
（無名指）最長。

腳掌變大，腳骨變
粗，腳跟位置提
高，第四指（無名
指）拉長。

人基本上從腳尖到
腳跟都踩在地上。

完成！

為跳躍而生的腳

　　包含我們人類在內，所有的四足動物都是用後腳跳躍。因此除了袋鼠以外，兔子、青蛙等跳遠健將也都是後腳比前腳發達。

　　袋鼠會為了尋找食物及水源而移動，且移動方式基本上都是跳躍，因此有時會連續跳好幾個小時。**圖❶** 牠們之所以能夠跳個不停，祕密就在於雙腿肌腱的結構。

　　袋鼠腿部的肌腱與人類不同，能夠伸縮自如。牠們的肌腱就像彈跳桿一樣，在著地時會縮起，吸收衝擊。不止如此，肌腱在伸展時還會將收縮時的力量轉化成下一步的推進力。**圖❷** 運動時使用的若是肌腱而非肌肉，就比較不易疲憊，而袋鼠正是因為有強壯的肌腱加持，不必使用太多肌肉，因此能夠連續跳躍好幾個小時來移動。

　　不過，這種移動方式欠缺穩定性，導致袋鼠在吃東西時必須駝背，一搖一擺地走路。因此當牠們不趕時間，又想穩定移動的時候，就會將尾巴抵在地上，靠雙手、雙腳與尾巴共「五條腿」來行走。**圖❸** 袋鼠的尾巴連頂端都有骨頭，因此這種步行方式非常穩定。

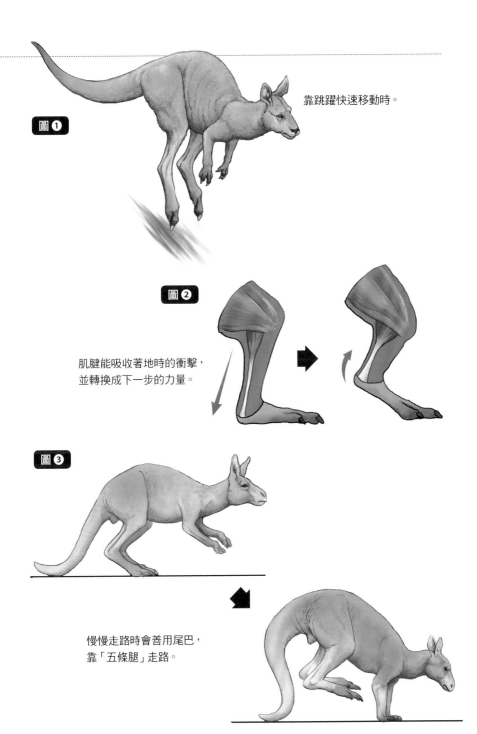

圖❶

靠跳躍快速移動時。

圖❷

肌腱能吸收著地時的衝擊，
並轉換成下一步的力量。

圖❸

慢慢走路時會善用尾巴，
靠「五條腿」走路。

157

哺乳類

食蟻獸

Anteater

食蟻獸會以極快的速度伸出超長的舌
頭,高效率地吃光蟻巢裡的小螞蟻。
牠們顎部的結構相當特殊,下顎跟蛇
一樣能夠分開,當舌頭伸出時,下顎
骨就會關起來,等舌頭縮回時又再度
打開。

如果人類
跟食蟻獸一樣

食蟻獸人
Anteater Human

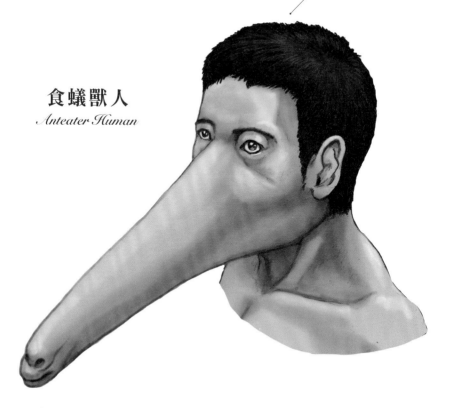

食蟻獸人的演化

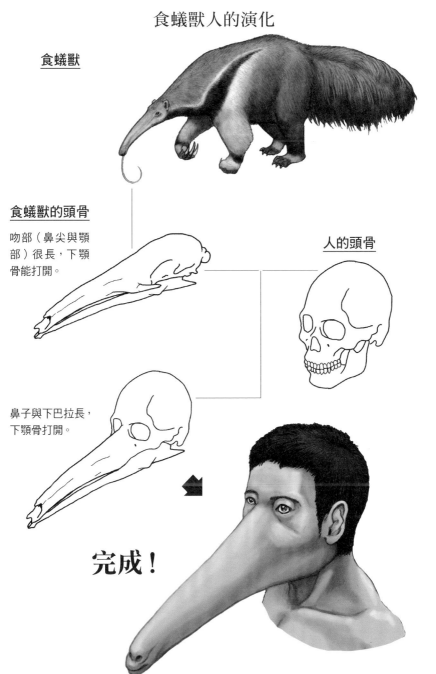

食蟻獸

食蟻獸的頭骨

吻部（鼻尖與顎部）很長，下顎骨能打開。

人的頭骨

鼻子與下巴拉長，下顎骨打開。

完成！

隨舌頭開關的下顎

　　食蟻獸是一種棲息於南美洲大陸的動物，屬於「貧齒目」。牠們沒有牙齒，無法咀嚼食物，只能將螞蟻整隻吞下，一天所吃的螞蟻數量可以高達三萬五千隻。

　　牠們雖然視力不好，嗅覺卻很發達，這樣才能找出螞蟻的巢穴蟻丘。此外，食蟻獸性格溫馴，手上卻有利爪，會朝敵人張開雙手，用爪子威嚇對方，不過這雙爪子基本上是用來挖蟻丘的。 **圖❶** 牠們會把長長的鼻尖鑽進挖開的洞裡，將舌頭伸進去把螞蟻陸陸續續吞下肚。

　　食蟻獸的下顎可以分成兩半，這種構造有助於舌頭高速進出。當牠們伸出舌頭時，嘴巴會收攏起來以便鎖定目標，此時下顎骨就會關起來，讓舌頭能像箭一樣射出去。 **圖❷** 相反的，把舌頭縮回來時，為了迎接彈回來的舌頭，開口就要盡可能大一點，所以下顎必須打開，將開口拓寬以便舌頭縮回來。 **圖❸**

　　大部分的動物活動顎部都是為了咀嚼，唯有食蟻獸是配合舌頭動作而開關顎骨，結構非常特殊。

大食蟻獸

鼻子很長，
方便鑽進蟻丘裡。

為了破壞蟻丘，
爪子非常尖銳。

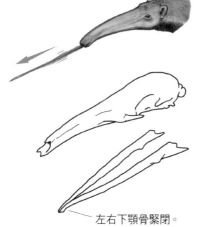

圖❷　伸舌頭時

左右下顎骨緊閉。

圖❸　收舌頭時

下顎骨打開，
讓舌頭容易縮回。

犀牛

Rhino

說起犀牛的特徵，當然就是鼻尖上氣派的角了。這根角並非骨頭，而是跟體毛一樣由「角蛋白」構成的塊狀物。真正的犀牛鼻骨凸凸粗粗的，是這根角的基礎。

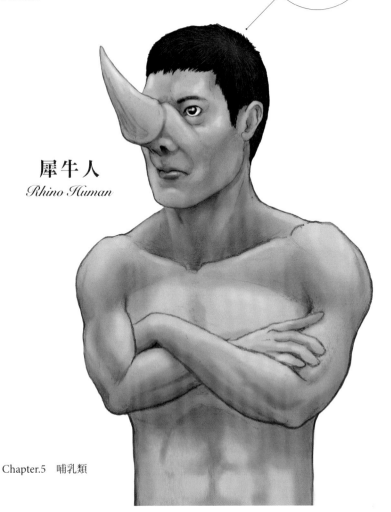

如果人類跟犀牛一樣

犀牛人
Rhino Human

犀牛人的演化

犀牛

犀牛的骨骼

角的基礎是一塊突出的骨頭，
表面很粗糙。

人的骨骼

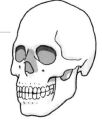

人的鼻骨並沒有那麼突出。

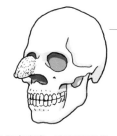

鼻骨突出來，表面粗粗的。

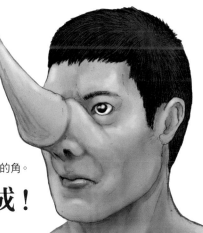

長出由角蛋白構成的角。

完成！

從骨頭推測角的位置

　　犀牛角自古以來就是人們眼中珍貴的藥材，因此盜獵非常猖獗，也造成犀牛數量的減少。這根角相當堅硬，看起來如一根高高凸起的骨頭，實際上它並非骨骼，而是跟體毛一樣由「角蛋白」構成的。犀牛角每年都會長長五到十公分，一生中將不斷成長，但犀牛也會在地上磨角，所以前端會減少。此外，有些種類的犀牛還具有一大一小共兩根角，例如白犀牛與黑犀牛等等。

　　犀牛角的基礎鼻骨，是一根像花椰菜一樣粗糙的骨頭。**圖❶** 只要觀察鼻骨，就能推測出角大約有多大。

　　在遠古時代的冰河期，有些犀牛的體型大得遠非現代犀牛可比，例如板齒犀。板齒犀這種巨大犀牛的角不像現代犀牛一樣長在鼻子上，而是長在頭頂，根據推測，這根角的大小應該長達兩公尺。

　　不過，由於犀牛類的角並非骨頭，而是角蛋白，所以不會留下化石，長達兩公尺也只是推測。但這個說法是有根據的，那就是板齒犀的頭骨。板齒犀的頭頂有個像巨瘤一樣凸出的粗糙骨頭，因此這裡有很高的機率曾長出巨大的角。**圖❷**

犀牛角

並非骨頭，而是質地與
體毛相同的塊狀物。

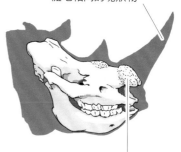

鼻骨是角的基礎，表面很粗糙。

圖 ❷

板齒犀
生活在冰河時期的犀牛類

角如戴帽子般長在頭頂，而不像
現代犀牛一樣長在鼻尖。

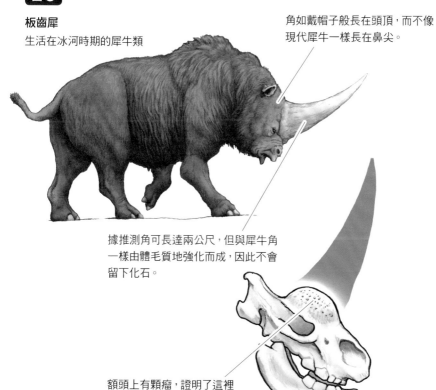

據推測角可長達兩公尺，但與犀牛角
一樣由體毛質地強化而成，因此不會
留下化石。

額頭上有顆瘤，證明了這裡
應該曾長出巨大的角。

哺乳類

一角鯨

Narwhal

一角鯨是鯨魚的一種，頭部長著一根
約三公尺長的角，但這其實不是角，
而是一顆拉長的門牙。一角鯨的牙齒
只有上顎的兩顆門牙，左邊那顆變得
非常長，鑽出上唇跑到外面來。

一角鯨人
Narwhal Human

166　Chapter.5　哺乳類

一角鯨人的演化

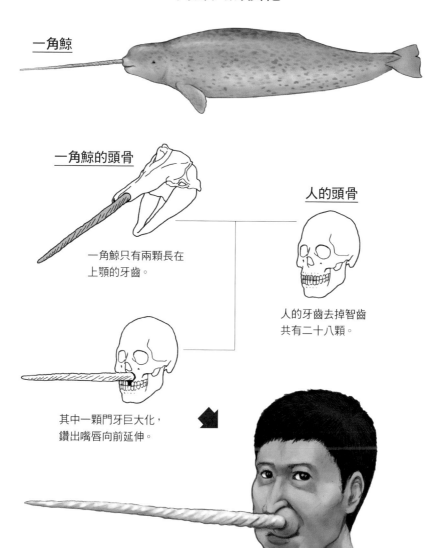

一角鯨

一角鯨的頭骨

一角鯨只有兩顆長在
上顎的牙齒。

人的頭骨

人的牙齒去掉智齒
共有二十八顆。

其中一顆門牙巨大化,
鑽出嘴唇向前延伸。

完成!

不用來吃東西的牙齒

一角鯨是一種生活在北極海的鯨魚，基本上都是二十頭左右成群行動。牠們擁有一顆鑽出上唇、長達三公尺的門牙，這顆牙齒屬於「感覺器官」，裡面布滿神經，能夠偵測溫度、氣壓等周遭環境變化。不過，只有公鯨擁有這顆長長延伸的獠牙，可見這也有展現雄風、吸引母鯨的功能。

儘管一角鯨的牙齒十分獨特，但是包含一角鯨在內的哺乳類其實都會依種類不同而擁有不同的牙齒。光是觀察牙齒的形狀及排列方式，幾乎就能辨別出屬於哪種動物。在哺乳類之中，許多動物都像一角鯨這樣擁有獨特氣派的獠牙。例如海象的上顎有兩根長長的犬齒，母海象的犬齒長約八十公分，公海象則可達一公尺。山豬之一的鹿豚則是上顎犬齒從口中穿破臉部皮膚，向上彎曲延伸，形狀非常獨特。大象的獠牙與一角鯨一樣，門牙長長地延伸，而已滅絕的長毛象擁有彎曲的獠牙，其長度甚至可達五公尺。

所有動物獠牙的主要功用都是掠食或當成武器，不過，由於哺乳類擁有多樣化的牙齒，因此獠牙也具備了形形色色的功能，而非僅限於攝食行動。

哺乳類牙齒的多樣性

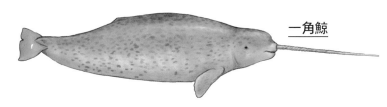

一角鯨

鹿豚

上顎的獠牙穿破眼睛與
鼻子之間的頭蓋骨向外
延伸,獠牙容易斷裂,
一旦斷了,就代表這頭
公鹿豚打架輸了。

海象

公海象雖然會用獠牙打架,但更常用於
威嚇,以避免不必要的紛爭。

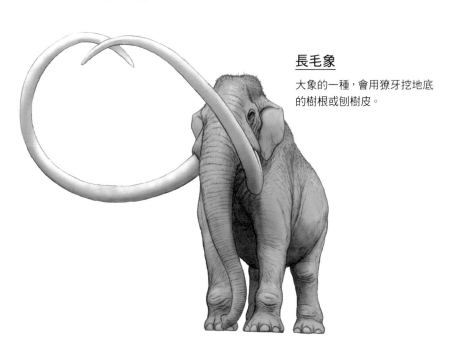

長毛象

大象的一種,會用獠牙挖地底
的樹根或刨樹皮。

169

貓熊

Panda

貓熊的手缺乏人類拇指般的指頭，指頭之間無法握合。這種結構照理說應該無法抓取東西，但貓熊卻抓得住竹子，原因就在於兩根突出的腕骨（手腕的骨頭）。只要用這兩個像瘤一樣突出的腕骨，與五根指頭對夾，就能抓取物品。

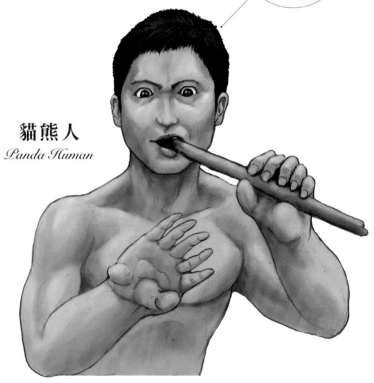

如果人類跟貓熊一樣

貓熊人
Panda Human

貓熊人的演化

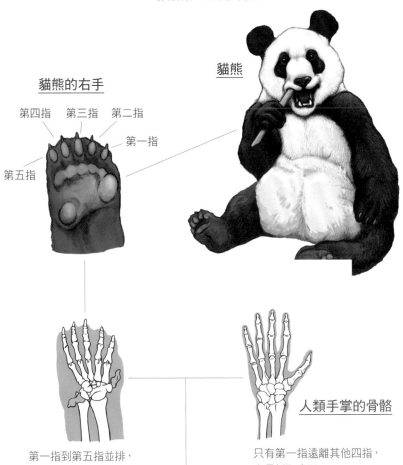

貓熊

貓熊的右手

第四指　第三指　第二指

第一指

第五指

第一指到第五指並排，
腕骨從左右突出。

人類手掌的骨骼

只有第一指遠離其他四指，
容易抓取東西。

第一指與其他四指並排，
掌心的骨頭向左右突出。

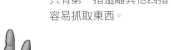

完成！

忘記吃肉的肉食性動物

　　貓熊能用五根手指及手掌的兩個瘤，靈活地抓取竹子來食用。牠們也吃魚、昆蟲、果實，不過主食還是竹子。

　　野生貓熊只棲息於中國西南部海拔一千兩百到三千九百公尺的竹林裡，但從化石出土的分布範圍來看，貓熊在很久以前曾從北京遍布到越南，生活範圍相當廣。就目前所知，貓熊一類最古老的種類，生活在一千一百萬年前歐洲濕潤的森林裡，但這批祖先實際上是肉食動物。如今貓熊體內仍保有肉食性動物特有的短腸，就是祖先所遺留下來的。肉類容易消化，即使腸道很短也能充分攝取營養，因此大部分肉食性動物的腸子都偏短，草食性動物則偏長。

　　腸道很短卻從肉食直接轉為草食的貓熊，只能消化兩成吃下的竹子，因此貓熊總是慢性營養不良，一整天有大半的時間都得用來進食。這種進食方式效率極差，之所以演變成這樣，應該是因為冰河期氣候變動導致糧食不足，於是貓熊就愛上了方便取得的竹子並以此為主食。自從轉為草食性，貓熊就失去了品嚐肉類鮮味的基因，所以現在已經不會因為好吃而挑容易攝取營養的肉類來食用了。

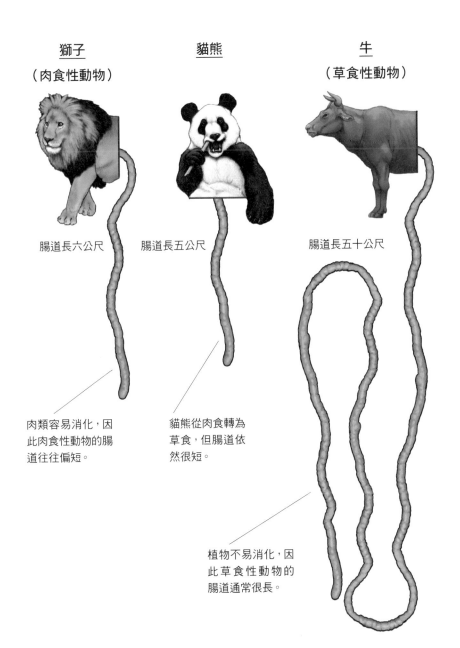

獅子
（肉食性動物）

貓熊

牛
（草食性動物）

腸道長六公尺

腸道長五公尺

腸道長五十公尺

肉類容易消化，因此肉食性動物的腸道往往偏短。

貓熊從肉食轉為草食，但腸道依然很短。

植物不易消化，因此草食性動物的腸道通常很長。

哺乳類

長臂猿

Gibbon

長臂猿會伸出長長的手臂在樹林間穿梭，牠們手掌的第一指較短，其他四指非常長，因為牠們並不是靠抓著樹枝來移動，而是用四根指頭掛在樹上，在林木間擺盪、穿梭。

如果人類跟長臂猿一樣

長臂猿人
Gibbon Human

長臂猿人的演化

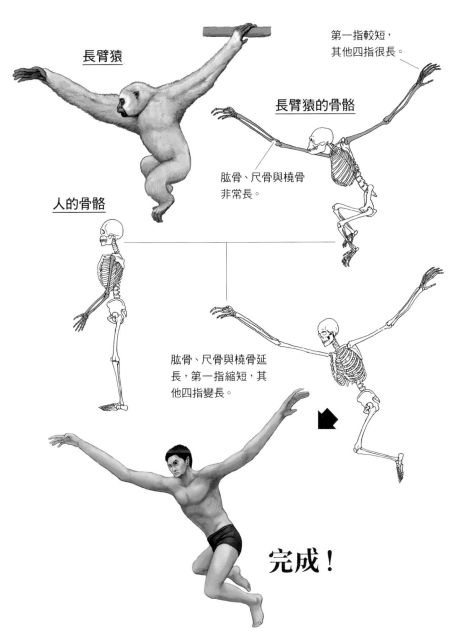

長臂猿

長臂猿的骨骼

人的骨骼

第一指較短，
其他四指很長。

肱骨、尺骨與橈骨
非常長。

肱骨、尺骨與橈骨延
長，第一指縮短，其
他四指變長。

完成！

施展鐘擺運動的長手臂

　　長臂猿是棲息於熱帶雨林等炎熱地區的猴子，牠們會用長長的手臂吊在樹枝上移動，幾乎不會到地面上，相信大家應該都在動物園或電視上看過牠們移動的模樣。在樹棲型的猴子中，有些種類會用長長的尾巴纏住樹枝，來確保移動時和待在樹上時的穩定性，不過長臂猿並沒有尾巴。 **圖❶**

　　長臂猿透過長長的手臂在森林間穿梭的行為，稱為臂躍行動（擺盪行為）。當牠們單手鬆開放下長臂時，就會產生鐘擺效應，透過這種效應便能在樹木間不斷移動。 **圖❷** 此外，長臂的用途也不是用來抓住樹枝，而是將手指掛在樹上吊住身體。像這樣掛著，手腕就能前後擺盪，成為鐘擺運動時的支點。 **圖❸**

　　長臂猿在溝通上有一項特徵，那就是公猿與母猿在呼喊彼此時會唱歌。這種「歌」除了能加深家族間的情感，還能向其他猿猴示威、劃分地盤。由於歌聲依種類而不同，因此光聽歌聲就能辨別物種。

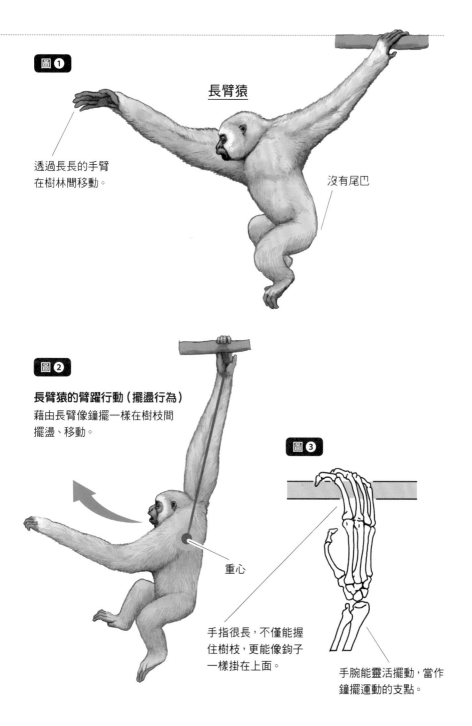

圖❶

長臂猿

透過長長的手臂
在樹林間移動。

沒有尾巴

圖❷

長臂猿的臂躍行動（擺盪行為）
藉由長臂像鐘擺一樣在樹枝間
擺盪、移動。

重心

圖❸

手指很長，不僅能握
住樹枝，更能像鉤子
一樣掛在上面。

手腕能靈活擺動，當作
鐘擺運動的支點。

人類骨骼的特殊性 ⋯⋯⋯⋯⋯⋯⋯⋯

圖 ①

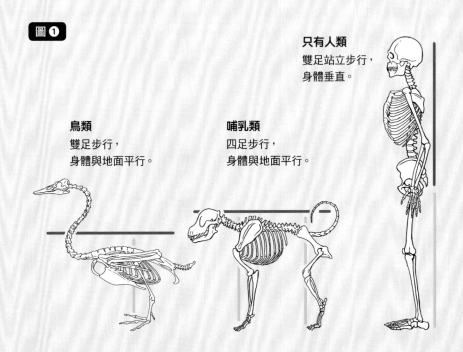

只有人類
雙足站立步行，
身體垂直。

鳥類
雙足步行，
身體與地面平行。

哺乳類
四足步行，
身體與地面平行。

雙足站立步行的缺點

　　大部分的哺乳類都是靠前腳、後腳共四條腿走路，屬於四足步行動物。最接近人類的黑猩猩等類人猿也有一段時間靠雙腳步行，但基本上仍是四足步行動物。在這些動物之中，唯一完全靠雙腳走路移動的就只有人類。

　　鳥類的前腳變成了翅膀，與人類一樣都靠兩條後腿走路，但即使同為雙足步行動物，鳥類的身體卻是與地面平行，而人類則是不止腳，連身體都垂直站立。身體垂直的姿勢使頭部立於身體正上方，由全身支撐著頭部。**圖 ①**

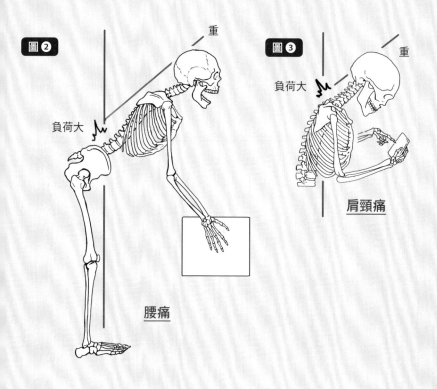

圖 ❷

重

負荷大

腰痛

圖 ❸

重

負荷大

肩頸痛

　據說就是這種姿勢使人類的腦部巨大化，發展出高度的智能。但這也導致上半身的體重全部壓在腰椎，容易引發腰痛。此外，人類開始務農後，因為忙於農活，身體經常前傾，肌肉也因此老是硬撐著上半身，使得腰部負擔更大，嚴重時甚至會閃到腰。 圖 ❷

　另外，人類的頭只連接在脖子上，但支撐頭部的頸部肌肉卻沒那麼發達，因此當身體前傾，頸部肌肉的負擔就會加重，導致肩膀酸痛。 圖 ❸
如今，人類在日常生活中依然經常前傾，引發的腰痛與肩頸酸痛也成了人類揮之不去的煩惱。

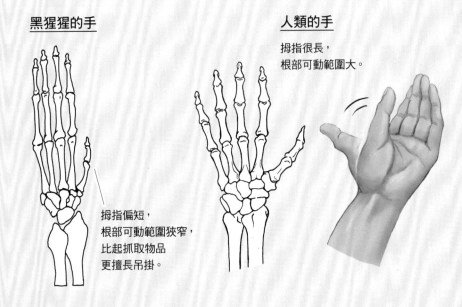

黑猩猩的手

拇指偏短，
根部可動範圍狹窄，
比起抓取物品
更擅長吊掛。

人類的手

拇指很長，
根部可動範圍大。

自由的前肢

　　人類雙足步行最大的優點，在於前肢可以自由活動而不必支撐身體和行走。前肢指的就是手臂和手掌，人的手掌具有拇指對向性，拇指能和其他指頭握在一起，因此能用手指抓取物品。拇指對向性在接近人類的類人猿及樹棲型動物身上也很常見，但人類的拇指偏長，根部關節的可動性較高，再加上腦部發達，因此不但能細膩正確地做出各式各樣的動作，還能握住不同形狀的東西，或從事穿針引線等細微作業。人類靠手完成的動作相當廣泛，其用途遠遠凌駕於其他動物之上。

Extra Chapter

全身變形比較

*Whole body
deformation*

全身變形比較①
狗與貓

狗與貓是我們人類最熟悉的動物朋友,兩者同為哺乳類、食肉目,身體結構似乎沒有太大的差異。但如果藉由人體全身變形而非部分變形來觀察,就會發現這兩種動物乍看相似,實際上仍然大不相同。

狗人完全版

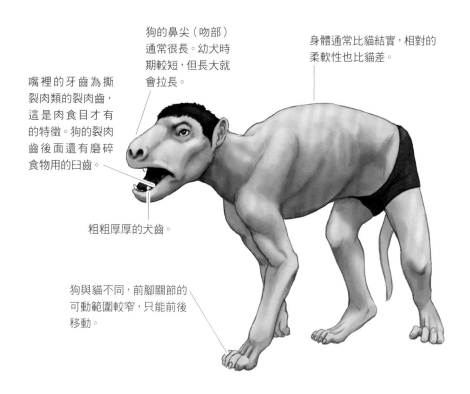

狗的鼻尖(吻部)通常很長。幼犬時期較短,但長大就會拉長。

身體通常比貓結實,相對的柔軟性也比貓差。

嘴裡的牙齒為撕裂肉類的裂肉齒,這是肉食目才有的特徵。狗的裂肉齒後面還有磨碎食物用的臼齒。

粗粗厚厚的犬齒。

狗與貓不同,前腳關節的可動範圍較窄,只能前後移動。

貓人完全版

從小貓時期鼻尖（吻部）就短短的，一輩子都不會變長。

眼睛比狗更面向正前方，能更正確立體地觀看東西。

身體較不結實，可是柔軟度比狗好。

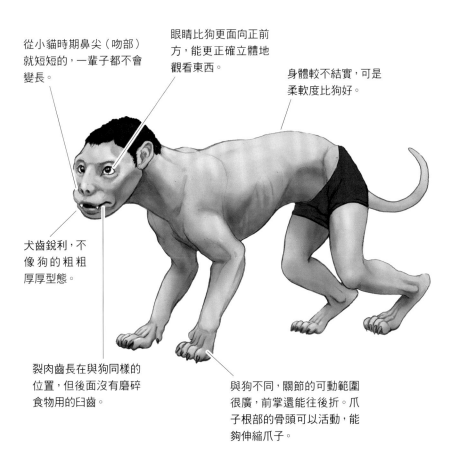

犬齒銳利，不像狗的粗粗厚厚型態。

裂肉齒長在與狗同樣的位置，但後面沒有磨碎食物用的臼齒。

與狗不同，關節的可動範圍很廣，前掌還能往後折。爪子根部的骨頭可以活動，能夠伸縮爪子。

183

家犬是由人類飼養的狼
演化而來的。

臘腸犬

杜賓犬

吉娃娃

法國鬥牛犬

狗的身體因人工育種而改變

　　前兩頁看了一般狗的身體與貓咪的比較，其實狗的品種比貓多出許多。狗的祖先是上古時代人類飼養的狼，不過現在許多犬種的體態都與狼截然不同，例如臘腸犬的腳非常短，鬥牛犬則是狗狗特徵的吻部像被壓扁一樣。但為什麼只有狗的類型特別多呢？因為身為家畜，狗必須幫人類做各種工作，為了讓狗對人類更有益處，人們便積極幫狗育種，像臘腸犬就是為了讓牠鑽進獵的巢穴而改良的犬種。因人工育種的影響，狗狗雖然同種，品種眾多，外型的變化也很豐富。

家貓是由人類飼養的非洲野貓
演化而來的。

日本貓

阿比西尼亞貓

俄羅斯藍貓

貓被人類飼養後外型仍然不變

　　人類展開農耕生活後，視非洲野貓為益獸並加以飼養，讓牠們捕捉
偷吃糧倉穀物的老鼠，相傳這就是貓的起源。比較一下非洲野貓與現
代貓的外表，會發現貓咪的體型不像狗一樣有那麼大的變化，品種也
不如狗豐富。相較於對人類言聽計從的狗，貓很難管教，除了抓老鼠
以外，不一定會做對人類有益的工作，因此品種改良也不如狗興盛。
再加上貓咪調皮愛玩，天真可愛的模樣深受人們喜愛，因此模樣就沒
有受到品種改良影響而大幅改變了。

全身變形比較②
陸龜與海龜

同樣是烏龜，只要生活環境不同，身體結構也會改變。究竟陸龜與海龜的身體有哪裡不一樣呢？

陸龜人完全版

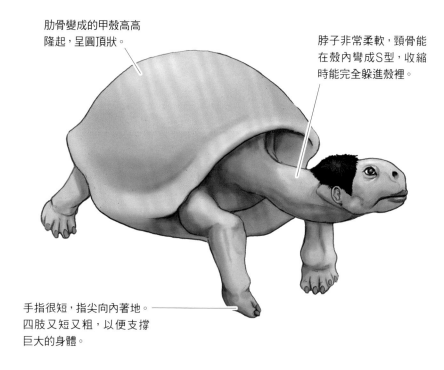

肋骨變成的甲殼高高隆起，呈圓頂狀。

脖子非常柔軟，頸骨能在殼內彎成S型，收縮時能完全躲進殼裡。

手指很短，指尖向內著地。四肢又短又粗，以便支撐巨大的身體。

海龜人完全版

與陸龜相比，殼很平坦，因此無法像陸龜一樣把脖子和手腳全部縮進去。

在海裡生活必須排出鹽分，會用眼睛後方的淚腺來排鹽。

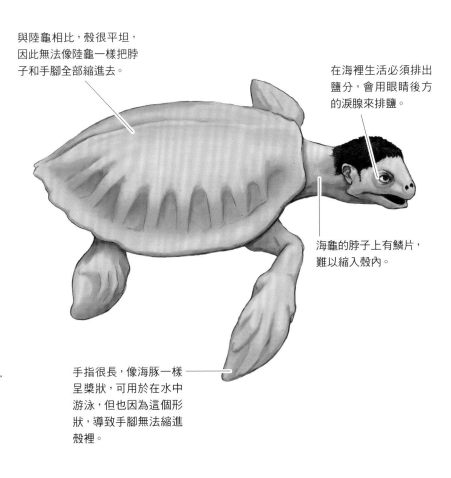

海龜的脖子上有鱗片，難以縮入殼內。

手指很長，像海豚一樣呈槳狀，可用於在水中游泳，但也因為這個形狀，導致手腳無法縮進殼裡。

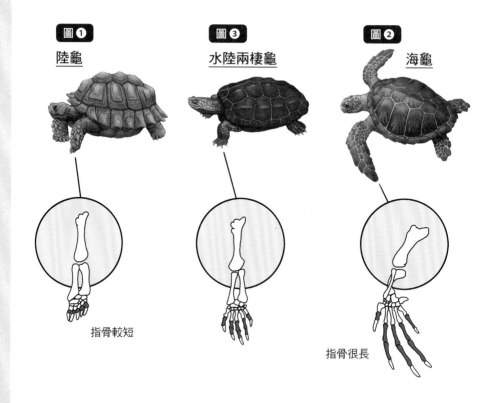

圖❶ 陸龜

圖❸ 水陸兩棲龜

圖❷ 海龜

指骨較短

指骨很長

不同環境所產生各種烏龜型態

　　就像陸龜與海龜的差異一樣，烏龜家族的棲息地各不相同，腳的形狀也會配合生活環境而各自演化。例如蘇卡達象龜等生活在陸地的陸龜，指骨較短，整條腿呈柱狀以支撐身體，這種形狀很適合在地上行走或挖掘洞穴。 圖❶ 相對的，在海裡生活的海龜家族指骨就很長，前腳的形狀像船槳，適合游泳。 圖❷ 而生活在河川、池塘，與我們最親近的金龜和彩龜則是水陸兩生，手指長度介於海龜與陸龜之間，除了能在陸地行走，也能夠划水。 圖❸

後記

　　大家覺得怎麼樣呢？這次的主題是脊椎動物的演化，看完這本書，就會知道種類超過六萬種的脊椎動物，都各自演化出了自己獨特的模樣。

　　例如，鳥類從恐龍演化而來，花了兩億年以上的時間將骨骼柔軟度降到所需的最低值。牠們追求讓骨頭堅固輕巧，因此身體可以變大，同時又享有飛翔能力。

　　我們人類則是變成了雙足站立步行，全身都支撐著頭部，因此即使頭很重也不要緊。這使得人類的腦部得以擴大，擁有高度的智能。

　　人類與鳥的演化方向不同，也各自獲得了不同的能力，但這些都是順應環境之後的自然演變，而不是為了獲得能力才刻意演化出來的。換言之，人類只不過是演化的其中一種結果而已，並非生物演化的最終型態。

　　最後，我要感謝在撰寫本書的期間，為我擔任編輯的北村耕太郎先生，謝謝你跟前作時一樣，於緊湊的排程中擬定架構、提供資料一路協助我。在此致上十二萬分的謝意。

2020年8月　川崎悟司

主要參考文獻

『骨格百科スケルトン　その凄い形と機能』

アンドリュー・カーク著　布施英利監修　和田郁子訳

『骨から見る生物の進化』

ジャン＝パティスト・ド・パナフィユー著　小畠郁生監修　吉田春美訳（河出書房新社）

『絶滅哺乳類図鑑』冨田幸光著（丸善）

『講談社の動く図鑑 MOVE　動物』（講談社）

『講談社の動く図鑑 MOVE　鳥』（講談社）

『講談社の動く図鑑 MOVE　は虫類・両生類』（講談社）

『講談社の動く図鑑 MOVE　魚』（講談社）

『講談社の動く図鑑 MOVE　恐竜』（講談社）

『恐竜はなぜ鳥に進化したのか』ピーター・D・ウォード著　垂水雄二訳（文藝春秋）

『「生命」とは何か　いかに進化してきたのか』ニュートン別冊（ニュートンプレス）

『地球大図鑑』ジェームス・F・ルール編（ネコ・パブリシング）

『絶滅した哺乳類たち』冨田幸光著（丸善）

『謎と不思議の生物史』金子隆一著（同文書院）

『特別展　生命大躍進　脊椎動物のたどった道』

（国立科学博物館、NHK、NHKプロモーション）

『生物ミステリー PRO　エディアカラ紀・カンブリア紀の生物』土屋健著（技術評論社）

『生物ミステリー PRO　オルドビス紀・シルル紀の生物』土屋健著（技術評論社）

『生物ミステリー PRO　デボン紀の生物』土屋健著（技術評論社）

『生物ミステリー PRO　石炭紀・ペルム紀の生物』土屋健著（技術評論社）

『生物ミステリー PRO　三畳紀の生物』土屋健著（技術評論社）

『生物ミステリー PRO　ジュラ紀の生物』土屋健著（技術評論社）

『生物ミステリー PRO　白亜紀の生物　上巻』土屋健著（技術評論社）

『生物ミステリー PRO　白亜紀の生物　下巻』土屋健著（技術評論社）

『ニュートン別冊　動物のふしぎ　生物の世界はなぞに満ちている』（ニュートンプレス）

『ニュートン別冊　おどろきの能力のしくみを詳細イラストで　ふしぎ動物図鑑』（ニュートンプレス）

『『ニュートン別冊　おどろきの超機能、不可思議な生態　生き物の超能力』（ニュートンプレス）

『大哺乳類展2　みんなの生き残り作戦』（国立科学博物館、朝日新聞社、TBS、BS-TBS）

『ソッカの美術解剖学ノート』ソク・ジョンヒョン著　チャン・ジニ訳（オーム社）

『系統樹をさかのぼって見えてくる進化の歴史』長谷川政美（ベレ出版）

『世界サメ図鑑』（ネコ・パブリッシング）

還有參考其他書籍與網路資料。

國家圖書館出版品預行編目資料

超獵奇！人體動物圖鑑②鯊魚的下巴會往前飛出
/ 川崎悟司著；蘇暐婷譯. -- 臺北市：三采文化,
2021.4 -- 面；公分. --（PopSci：13）

ISBN 978-957-658-497-8（平裝）
1. 動物形態學 2. 通俗作品
381   110001446

suncolor
三采文化集團

PopSci 13

超獵奇！人體動物圖鑑② 鯊魚的下巴會往前飛出

作者｜川崎悟司　　譯者｜蘇暐婷　　審訂｜李培芬
主編｜鄭雅芳　　美術主編｜藍秀婷　　封面設計｜李蕙雲　　內頁排版｜郭麗瑜

發行人｜張輝明　　總編輯｜曾雅青　　發行所｜三采文化股份有限公司
地址｜ 台北市內湖區瑞光路 513 巷 33 號 8 樓
傳訊｜ TEL:8797-1234　FAX:8797-1688　網址｜ www.suncolor.com.tw
郵政劃撥｜ 帳號：14319060　戶名：三采文化股份有限公司
初版發行｜ 2021 年 4 月 9 日　定價｜ NT$420
　　　3 刷｜ 2022 年 10 月 30 日

SAME NO AGO HA TOBIDASHI SHIKI
Copyright © 2020 Satoshi Kawasaki
Original Japanese edition published in 2020 by SB Creative Corp.
Chinese translation rights in complex characters arranged with SB Creative Corp., Tokyo
through Japan UNI Agency, Inc., Tokyo